Weinert   Kunststoff-
lichtwellenleiter

Kunststofflichtwellenleiter

Grundlagen
Komponenten
Installation

Von Andreas Weinert

Publicis MCD Verlag

Die Deutsche Bibliothek – CIP-Einheitsaufnahme

Weinert, Andreas:
Kunststofflichtwellenleiter : Grundlagen, Komponenten, Installation /
von Andreas Weinert. [Hrsg.: Siemens-Aktiengesellschaft, Berlin und
München]. – Erlangen ; München : Publicis-MCD-Verl., 1998
ISBN 3-89578-059-6

ISBN 3-89578-059-6

Herausgeber: Siemens Aktiengesellschaft, Berlin und München
Verlag: Publicis MCD Verlag, Erlangen und München

Vorwort

Ob Daten-, Sprach- oder Bildübertragung – In allen Bereichen werden die zu übertragenden Datenmengen immer größer. Die Lichtwellenleitertechnik, im Telekommunikationsbereich heute weltweit verbreitet, dringt dabei als kostengünstiges und sicheres Übertragungsmedium zunehmend auch in den Kurzstreckenbereich von Gebäuden vor.

Der Kunststofflichtwellenleiter ist ein sehr junges Übertragungsmedium und wird heute neben der Datenübertragung in vielfältigen anderen Anwendungsbereichen, wie z.B. Beleuchtung und Sensorik, eingesetzt. In den letzten Jahren wurde das Gesamtsystem zur Datenübertragung mit Kunststofflichtwellenleitern so weiterentwickelt, daß der Anschluß eines Kunststofflichtwellenleiters an einen Stecker einfacher ist als etwa der einer geschirmten Kupferleitung. Dadurch steigt die Zahl der mit Kunststofflichtwellenleitern installierten Übertragungsstrecken rasant an. Speziell im Bereich der industriellen Automatisierungstechnik, innerhalb und außerhalb von Maschinen, werden Kunststofflichtwellenleiter zunehmend eingesetzt.

Das vorliegende Buch befaßt sich ausschließlich mit dem Einsatz von Kunststofflichtwellenleitern für die Datenübertragung. Neben den physikalischen Grundlagen und dem Herstellungsprozeß der Fasern werden die einzelnen Komponenten einer Übertragungsstrecke (Leitungen, Sende- und Empfangskomponenten) sowie die nötige Verbindungstechnik behandelt. Darüber hinaus werden wichtige Installationshinweise und ein Ausblick auf mögliche zukünftige Weiterentwicklungen gegeben. Wichtige nationale und internationale Bestimmungen sind an den entsprechenden Stellen angegeben und auch teilweise erläutert.

Das Buch wendet sich an Ingenieure, Techniker und Entwickler sowie an Anwender, die mit der Installation von Kunststofflichtwellenleitern beschäftigt sind. Durch die grundlegende Beschreibung ist es auch für Studenten und Lehrkräfte von Fachhoch- und Hochschulen geeignet. Da Kunststofflichtwellenleiter ohne aufwendige Werkzeuge zu verarbeiten sind, lassen sich einfache Versuche zum Verständnis der Lichtwellenleitertechnik ohne großen Aufwand realisieren.

Das vorliegende Buch erhebt nicht den Anspruch einer wissenschaftlichen Veröffentlichung, soll aber dem Leser einen leicht verständlichen Einblick in die Lichtwellenleitertechnik, insbesondere in die der Kunststofflichtwellenleiter, geben.

Erlangen, Februar 1998   Siemens Aktiengesellschaft

Inhaltsverzeichnis

1 Physikalische Grundlagen

1.1 Prinzip der optischen Signalübertragung

Das Prinzip der optischen Signalübertragung ist aus Bild 1.1 ersichtlich. Das elektrische Signal wird mit einem Sendebauelement in ein optisches Signal gewandelt und in den Lichtwellenleiter eingekoppelt. Es durchläuft dann den Lichtwellenleiter und wird mit einem Empfangsbauelement wieder in ein elektrisches Signal gewandelt.

Bild 1.1 Prinzipdarstellung der optischen Signalübertragung

Der Begriff Lichtwellenleiter wird im folgenden mit LWL und der des Kunststofflichtwellenleiter mit K-LWL abgekürzt.

Betrachten wir zunächst die einzelnen physikalischen Größen und Effekte, die zum Verständnis der optischen Signalübertragung notwendig sind.

1.2 Lichtausbreitung im LWL

1.2.1 Grundlagen aus der Wellenlehre

Licht breitet sich im Vakuum mit der Geschwindigkeit $c_0 = 299.792,458$ km/s aus. Zur Vereinfachung benutzt man für Berechnungen oft den Wert 300.000 km/s als Ausbreitungsgeschwindigkeit in Luft. Bei Ausbreitung in einem optisch dichteren Medium als Luft ist die Ausbreitungsgeschwindigkeit c_{Medium} des Lichtes kleiner. Das Verhältnis beider Ausbreitungsgeschwindigkeiten bezeichnet man als Brechzahl n, die für jeden Werkstoff spezifisch ist. Die Brechzahl ist eine wellenlängenabhängige Größe. Kennt man die Brechzahl n eines Werkstoffes, so berechnet sich die Ausbreitungsgeschwindigkeit c_1 entsprechend:

$$c_1 = \frac{c_0}{n} \qquad (1.1)$$

Beispiel

Im K-LWL beträgt die Kernbrechzahl $n_K = 1,49$ (Polymethylmethacrylat) und somit ergibt sich für die Geschwindigkeit c_{LWL}

$$c_{LWL} = \frac{c_0}{n} = \frac{300.000 \; \frac{km}{s}}{1,49}$$

$$c_{LWL} \approx 200.000 \; \frac{km}{s}$$

Ein LWL von z.B. 100 m Länge wird dann in 0,5 μs durchlaufen. Zu beachten ist dabei, daß die Brechzahl n eine wellenlängenabhängige Größe ist.

In der Wellenlehre wird das Licht als elektromagnetische Welle mit einer Wellenlänge λ und einer Frequenz f dargestellt. Zur Datenübertragung mit K-LWL wird Licht mit Wellenlängen im Bereich von 400–700 nm (sichtbares Licht) verwendet. Zwischen den Größen Wellenlänge, Frequenz und Lichtgeschwindigkeit besteht folgender Zusammenhang:

$$c = f \cdot \lambda \tag{1.2}$$

1.2.2 Die optische Dämpfung

Beim Durchlaufen eines LWL der Länge L fällt die Lichtleistung P exponentiell ab:

$$P_L = P_0 \cdot 10^{-\alpha \frac{L}{10}} \tag{1.3}$$

Da die Lichtleistungen viele Zehnerpotenzen überstreichen, ist es üblich, zu einer logarithmischen Darstellung überzugehen und die Dämpfung A in Dezibel (dB) anzugeben:

$$A = 10 \log \frac{P_0}{P_L} \tag{1.4}$$

Dabei bedeuten P_0 die Lichtleistung am Anfang des LWL in μW und P_L die Lichtleistung am Ende des LWL in μW. Für den Dämpfungskoeffizienten α (kilometrische Dämpfung) mit

$$\alpha = \frac{A}{L} \tag{1.5}$$

ergibt sich dann als Maßeinheit dB/km. Die auf 1 mW bezogene Leistung hat die Maßeinheit dBm, entsprechend der folgenden Definition:

$$P = 10 \log \frac{P}{1\,mW} \tag{1.6}$$

Dabei ist P die Lichtleistung in mW.

Folgende Beispiele sollen diese Definition veranschaulichen:

$$30 \text{ dBm} \equiv 1 \text{ W}$$
$$0 \text{ dBm} \equiv 1 \text{ mW}$$
$$-30 \text{ dBm} \equiv 1 \text{ } \mu\text{W}$$
$$-60 \text{ dBm} \equiv 1 \text{ nW}$$
$$-90 \text{ dBm} \equiv 1 \text{ pW}$$

Mit Hilfe der logarithmischen Schreibweise können wir Leistungsverhältnisse als Differenzen darstellen und Dämpfungen berechnen:

$$A = P_0 - P_1 \qquad (1.7)$$

Dabei ist A die Dämpfung in dB, P_0 die Lichtleistung am Anfang und P_1 die Lichtleistung am Ende des LWL in dBm.

1.2.3 Signalübertragung im LWL

Das Grundprinzip der Übertragung beruht auf der Totalreflexion. Fällt ein Lichtstrahl auf die Grenzfläche zwischen einem optisch dichteren Medium mit dem Brechungsindex n_1 und einem optisch dünneren Medium mit dem Brechungsindex n_2, so wird er in Abhängigkeit vom Einfallswinkel α_1 gebrochen oder total reflektiert (Bild 1.2).

Beim Übergang vom optisch dichteren zum optisch dünneren Medium wird der Strahl vom Lot weggebrochen. Wenn der Lichtstrahl immer flacher auf die Grenzfläche fällt, so kann bei einem bestimmten Einfallswinkel α_1 der gebrochene Strahl einen Winkel von $\alpha_2 = 90°$ gegen das Einfallslot einnehmen, d.h. der gebrochene Lichtstrahl verläuft parallel

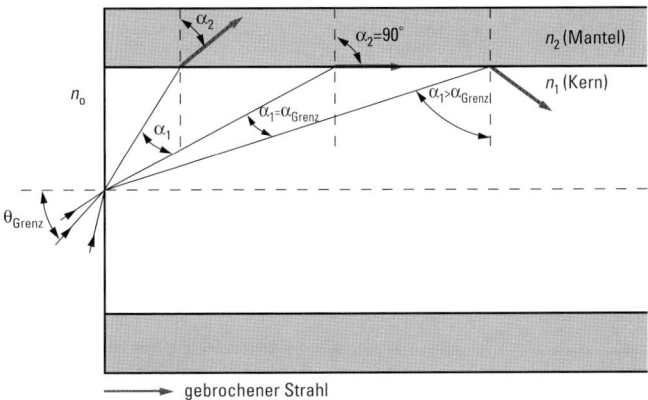

Bild 1.2 Totalreflexion im Stufenindexprofil-LWL

11

zur Grenzfläche beider Stoffe. Bei noch flacherem Einfall des Lichtstrahles geht die Brechung in eine Totalreflexion über.

Nach dem Snelliusschen Brechungsgesetz gilt:

$$n_1 \sin\alpha_1 = n_2 \sin\alpha_2 \tag{1.8}$$

Im Falle $\alpha_2 = 90°$ folgt für den Grenzwinkel α_{Grenz}, ab der die Totalreflexion beginnt, aus Formel 1.8:

$$\alpha_{Grenz} = \arcsin\frac{n_2}{n_1} \tag{1.9}$$

Ein Stufenindexprofil-LWL besteht aus einem Kern mit der Brechzahl n_1, der von einem Mantel mit der Brechzahl n_2 umgeben ist. Bedingung für eine Totalreflexion im LWL ist, daß der Mantel mit der Brechzahl n_2 aus einem optisch dünneren Medium als der Kern mit der Brechzahl n_1 besteht.

Das eingekoppelte Licht, das aus vielen Eigenwellen (Moden) besteht, die man auch als Lichtstrahlen mit unterschiedlichen Winkeln zur Achse des LWL auffassen kann, ist nur ausbreitungsfähig, wenn es innerhalb eines bestimmten Winkelbereichs in den Kern eingekoppelt wird. Durch nochmalige Anwendung des Brechungsgesetzes auf die Stirnfläche und Berücksichtigung der Winkelverhältnisse entsprechend Bild 1.2 ergibt sich zunächst:

$$n_0 \sin\theta_{Grenz} = n_1 \sin(90 - \alpha_{Grenz}) \tag{1.10}$$

Unter Berücksichtigung von $n_0 = 1$ (Luft) und Formel 1.8 sowie elementarer trigonometrischer Formeln folgt aus Gleichung 1.10:

$$\sin\theta_{Grenz} = n_1 \cos\alpha_{Grenz} = n_1 \cos\left(\arcsin\frac{n_2}{n_1}\right) =$$

$$= n_1 \cos\left(\arccos\sqrt{1 - \frac{n_2^2}{n_1^2}}\right) = \sqrt{n_1^2 - n_2^2} \tag{1.11}$$

Der Sinus des Grenzwinkels θ_{Grenz} ist die Numerische Apertur NA mit:

$$NA = \sin\theta_{Grenz} = \sqrt{n_1^2 - n_2^2} \tag{1.12}$$

Mit der Definition für die relative Brechzahldifferenz Δ

$$\Delta = \frac{n_1^2 - n_2^2}{2 n_1^2} \sim \frac{n_1 - n_2}{n_1} \tag{1.13}$$

kann man die Numerische Apertur auch folgendermaßen darstellen:

$$NA = n_1 \sqrt{2\Delta} \tag{1.14}$$

Die Numerische Apertur ist eine entscheidende Größe bei der Einkopplung von Licht in den LWL und bei der Kopplung von LWL miteinander. Sie wird bestimmt durch die Differenz der Brechzahlen von Kern und Mantel.

Die Größe der einkoppelbaren Leistung hängt aber nicht allein von der Numerischen Apertur des LWL, sondern auch vom Kerndurchmesser ab. Schließlich beeinflußt das Brechzahlprofil im LWL-Kern die Größe der Leistung, die geführt werden kann. Eine Änderung der Brechzahl in Abhängigkeit vom Kernquerschnitt bedeutet eine Änderung der Numerischen Apertur.

Alle diese Größen beeinflussen den Akzeptanzbereich des LWL. Das ist der Orts- und Winkelbereich des LWL, in dem eine verlustarme Führung des Lichts möglich ist.

1.2.4 Phasenraumdiagramm

Die möglichen Strahlausbreitungswege im LWL-Kern ergeben sich aus der Lösung der Wellengleichung. Diese Lösungen der Wellengleichung sind die Moden. Die Anzahl der geführten Moden M im K-LWL mit der Wellenlänge λ läßt sich nach [1.1] wie folgt berechnen:

$$M \approx \frac{1}{2} \left(\frac{2\pi\alpha\,NA}{\lambda} \right)^2 \qquad (1.15)$$

Damit sind z.B. in einem Stufenindex-K-LWL ca. 2,4 Millionen Moden ausbreitungsfähig. Diesen im LWL angeregten Moden kann man eine bestimmte Strahldichte $L\,(A,\,\Omega)$ zuordnen. Das ist die auf ein Flächenelement A und auf ein Raumwinkelelement Ω bezogene Leistung. Die Gesamtleistung erhält man dann durch Integration über die Fläche des LWL-Kerns und die dazugehörigen Raumwinkel:

$$P = \int_{A=0}^{A=A_0} \int_{\Omega=0}^{\Omega=\Omega(\theta_{\mathrm{Grenz}})} L\,(A,\Omega)\,\mathrm{d}A\,\mathrm{d}\Omega \qquad (1.16)$$

Die Zusammenhänge kann man sich sehr gut mit Hilfe des Phasenraumdiagramms verdeutlichen (Bild 1.3).

Dort ist der Akzeptanzbereich als Funktion der normierten Fläche und des normierten Raumwinkels für den Stufenindexprofil-LWL dargestellt. Die Integration über den Akzeptanzbereich ergibt die Leistung entsprechend Gleichung 1.16.

Bei der Kopplung von LWL miteinander ist zu beachten, daß die Akzeptanzbereiche übereinstimmen müssen, andernfalls kommt es zu Koppelverlusten. Ebenso ist zu beachten, daß nur eine optische Quelle, deren Akzeptanzbereich innerhalb des Akzeptanzbereichs des LWL liegt, ohne

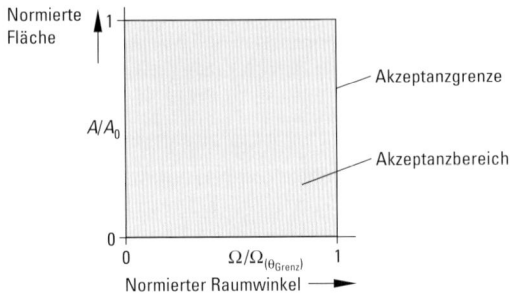

Bild 1.3 Akzeptanzbereich im Phasenraumdiagramm

Verluste in den LWL einkoppeln kann. D.h. idealerweise, die Ausdehnung der Quelle darf die des LWL nicht überschreiten. An jedem Ort muß der maximale Abstrahlwinkel gleich oder kleiner sein als der Akzeptanzwinkel am zugehörigen Ort des LWL.

Genauso verhält es sich bei der Kopplung zwischen LWL und Empfänger. Deshalb sind bei Übertragung mit K-LWL mit großem Kerndurchmesser (z.B. 980 μm) und großer Numerischer Apertur (ca. 0,5) insbesondere auf der Empfängerseite Maßnahmen erforderlich, die die Verluste gering halten (siehe Abschnitt 8.3.1).

Die Kopplung zwischen Sender und LWL ist demnach insbesondere bei LWL mit kleinem Kerndurchmesser und kleiner Numerischer Apertur kritisch.

Durch eine optische Abbildung, beispielsweise mit einem Linsensystem mit einem bestimmten Abbildungsmaßstab, kann man zwar die Gestalt des Akzeptanzbereiches verändern (man erhält ein gestrecktes oder gestauchtes Rechteck), die Größe der Fläche des Akzeptanzbereiches bleibt jedoch unverändert.

Verantwortlich hierfür ist die Helmholtz-Lagrangesche Invariante. Diese besagt, daß das Produkt aus Objektgröße, Öffnungswinkel und Brechzahl im Objektraum gleich dem Produkt aus Bildgröße, Öffnungswinkel und Brechzahl im Bildraum ist. Dadurch wird bei einer verkleinerten Abbildung (Abbildungsmaßstab kleiner als 1) die Bildgröße geringer, der Öffnungswinkel aber größer. Bei einer vergrößerten Abbildung (Abbildungsmaßstab größer als 1) sind die Verhältnisse umgekehrt.

Durch eine optische Abbildung mit geeignetem Abbildungsmaßstab kann man beispielsweise die Strahldichteverteilung der optischen Quelle besser an den Akzeptanzbereich des LWL anpassen und damit den Einkoppelwirkungsgrad erhöhen. So bewirkt eine Abbildung einer Lumineszenzdiode (LED), die in einem großen Winkelbereich, mit einem Abbildungsmaßstab größer als 1 auf die Stirnfläche des LWL strahlt, eine Re-

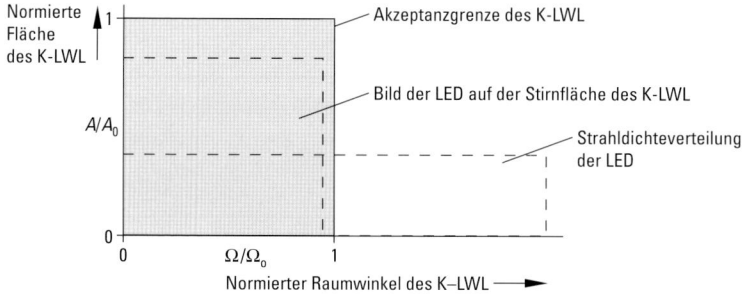

Bild 1.4
Anpassung der Strahldichteverteilung der LED an den Akzeptanzbereich des K-LWL durch optische Abbildung

duktion des Winkelbereiches, aber die LED wird entsprechend vergrößert abgebildet. Die prinzipiellen Verhältnisse sind in Bild 1.4 veranschaulicht.

1.2.5 Dispersion und Profile

Maßgebend für die Qualität des optischen Übertragungssystems ist nicht nur die überbrückbare Streckenlänge, sondern auch die Datenrate, die übertragen werden kann.

Hohe Datenraten erfordern breitbandige Sende- und Empfängerbauelemente (siehe Kapitel 8), aber auch breitbandige LWL. Die Bandbreite im LWL wird durch die Dispersion begrenzt, d.h. dadurch, daß sich ein in den LWL eingekoppelter Impuls während seiner Fortpflanzung im LWL verbreitert (siehe Bild 1.5).

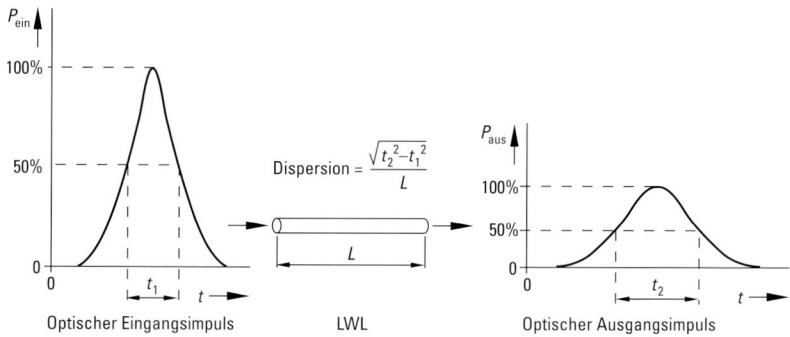

Bild 1.5 Pulsverbreiterung (Dispersion) im LWL

15

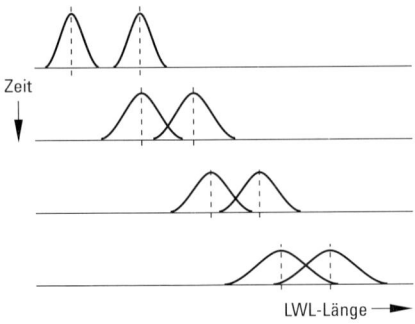

Bild 1.6 Impulsüberlappung
entlang des LWL

LWL-Länge ➤

Zei

Zwei im kurzen zeitlichen Abstand emittierte Impulse verbreitern sich während ihrer Fortpflanzung entlang des LWL und beginnen einander zu überlappen (siehe Bild 1.6).

Ab einer bestimmten Stelle der Übertragung wird der Kontrast so gering, daß der Empfänger die einzelnen Signale nicht mehr voneinander trennen kann. Wie aus Bild 1.6 ersichtlich ist, tritt dieser Effekt insbesondere bei hohen Bitraten (geringer zeitlicher Abstand der Impulse) und großen Übertragungslängen ein.

Die Dispersion bewirkt also eine Verbreiterung der Impulse beim Durchlaufen des LWL. Die Impulsaufweitung begrenzt die Bandbreite B und damit die maximale Übertragungsgeschwindigkeit (in MHz bzw. Mbit/s) im LWL. Da diese Impulsaufweitung annähernd proportional zur LWL-Länge L ist, wird mit zunehmender Länge die Bandbreite des LWL geringer. Es gilt näherungsweise für das Bandbreiten-Längen-Produkt:

$$B \cdot L = \text{const} \qquad (1.17)$$

Modendispersion und Profildispersion

Das gravierendste Problem ist die unterschiedliche Laufzeit der Moden im LWL (Modendispersion). Der Modus niedrigster Ordnung, der sich theoretisch entlang der optischen Achse (siehe Bild 1.8) ausbreitet, hat in einem LWL der Länge L den Weg L zurückzulegen. Der Modus höchster Ordnung, der gerade noch geführt wird, hat einen Neigungswinkel α_{Grenz} gegen die optische Achse (siehe Abschnitt 1.2.3). Der zurückzulegende Weg verlängert sich dann auf $L/\cos\alpha_{\text{Grenz}}$. Für den Laufzeitunterschied $\Delta\tau$ ergibt sich nach kurzer Umrechnung:

$$\Delta\tau = \frac{L}{2\,c_0\,n_1}\,NA^2 \qquad (1.18)$$

Es ist ersichtlich, daß die Modendispersion bei hoher Numerischer Apertur des LWL besonders groß ist. Dies ist insbesondere bei K-LWL mit typischen Werten der *NA* von 0,47 der Fall. Eine Reduktion der Modendispersion im Stufenindexprofil-LWL ist nur durch Reduktion der Numerischen Apertur möglich.

Welche andere Möglichkeit besteht noch, um die Modendispersion zu verringern? Eine Lösung besteht darin, die Ausbreitungsgeschwindigkeit der randnahen Strahlen zu erhöhen, indem der Werkstoff zum Rand hin eine kleinere Brechzahl hat. Diese Idee führte zur Entwicklung der Gradientenindexprofil-LWL: hier ändert sich die Brechzahl des Kerns über den Querschnitt. Die Brechzahl nimmt mit wachsendem Kernradius ab, das Material wird optisch dünner, die Ausbreitungsgeschwindigkeit nimmt zu. D.h., je größer der Abstand von der optischen Achse ist, um so schneller breitet sich das Signal aus. Auf diese Weise kann man die Zeitunterschiede $\Delta\tau$ zwischen den Moden niederer und höherer Ordnung minimieren.

Die Kernbrechzahl als Funktion des Radius *r* läßt sich allgemein als Potenzprofil darstellen:

$$n(r)^2 = n_1^2 \left(1 - 2\Delta \left(\frac{r}{a}\right)^g\right), \quad 0 \leq r \leq a$$
$$n(r)^2 = n_2^2 \qquad\qquad\qquad , \quad r \geq a \qquad (1.19)$$

Dabei ist *a* der Kernradius und *g* der Profilexponent. Mit $g = \infty$ wird das Stufenindexprofil miteingeschlossen. Für alle Profile wird $n(r = 0) = n_1$ und $n(r = a) = n_2$ (man ersetze Δ gemäß Gleichung 1.13). Gleichung 1.19 ist in Bild 1.7 dargestellt.

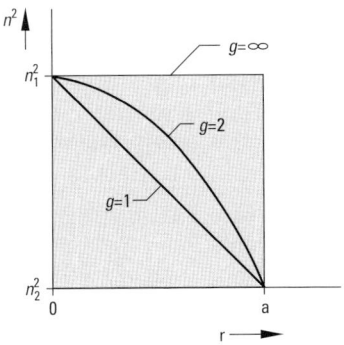

Bild 1.7   Potenzprofile

17

Man kann nun einen optimalen Profilexponenten g_{opt} (siehe Formel 1.20) finden [1.2], bei dem die Modendispersion minimal wird, und somit die Laufzeiten aller Moden annähernd gleich werden.

$$g_{opt} = 2 - 2\Delta \sim 2 \qquad (1.20)$$

Dies führt zu dem weit verbreiteten Parabelindexprofil-LWL. Die Moden bewegen sich sinusförmig durch den LWL, die Laufzeitdifferenzen werden ausgeglichen. Mit einem solchen Profil kann man im Vergleich zum Stufenindexprofil-LWL die Dispersion theoretisch um drei, praktisch um zwei Zehnerpotenzen verringern. Diese Diskrepanz zwischen Theorie und Praxis ergibt sich aus der Tatsache, daß die Dispersion stark von Profiländerungen abhängt. Herstellungsbedingt muß man gewisse Abweichungen vom Idealprofil stets in Kauf nehmen.

Man beachte, daß der optimale Profilexponent g_{opt} von der relativen Brechzahldifferenz Δ abhängt, Δ aber eine Funktion von Kern- und Mantelbrechzahl ist, und diese Brechzahlen wiederum von der Wellenlänge und der Dotierung abhängen. Der physikalisch unvermeidbare Rest der Modendispersion im Parabelindexprofil-LWL wird als Profildispersion bezeichnet.

Um die Profildispersion zu vermeiden, gibt es nur einen Weg: Man muß mit einem LWL arbeiten, der nur einen Modus führt, den sogenannten Singlemode-LWL. Hierzu ist der Akzeptanzbereich im LWL stark einzugrenzen, so daß die Wellengleichung nur noch eine Lösung (Modus) liefert. Typische Kernradien liegen bei 9 μm, typische „Numerische Aperturen" bei 0,1. Bei diesen Abmessungen ist es erforderlich, von der geometrisch-optischen Darstellung zur wellenoptischen Darstellung überzugehen. Die Ausbreitung im LWL muß man sich jetzt näherungsweise als Puls mit Gaußverteilung vorstellen.

Diese Gaußverteilung besitzt auf der LWL-Achse ihr Maximum und fällt mit wachsendem Radius näherungsweise exponentiell ab. Sie wird nicht durch die Kern-Mantel-Grenze beschnitten, sondern reicht weit in den Mantel hinein. Deshalb ist es nicht ausreichend, den Singlemode-LWL durch den Kernradius zu charakterisieren. Maßgebend ist der Modenfeldradius w_0, der durch einen Abfall der Leistung auf $1/e^2$ definiert wird. Der Zusammenhang zwischen Kernradius und Modenfeldradius beim Singlemode-LWL hängt vom Profilexponenten ab.

Gleichermaßen erhält man aus dem Sinus des Winkels, unter dem die Fernfeldintensität auf $1/e^2$ abgefallen ist, die „Numerische Apertur" des LWL. (Die Schreibung in Anführungsstrichen erfolgt deshalb, weil darunter kein Winkel eines Strahlenbündels im klassischen Sinne der Definition der Numerischen Apertur zu verstehen ist).

In Bild 1.8 sind die drei LWL-Grundtypen schematisch dargestellt.

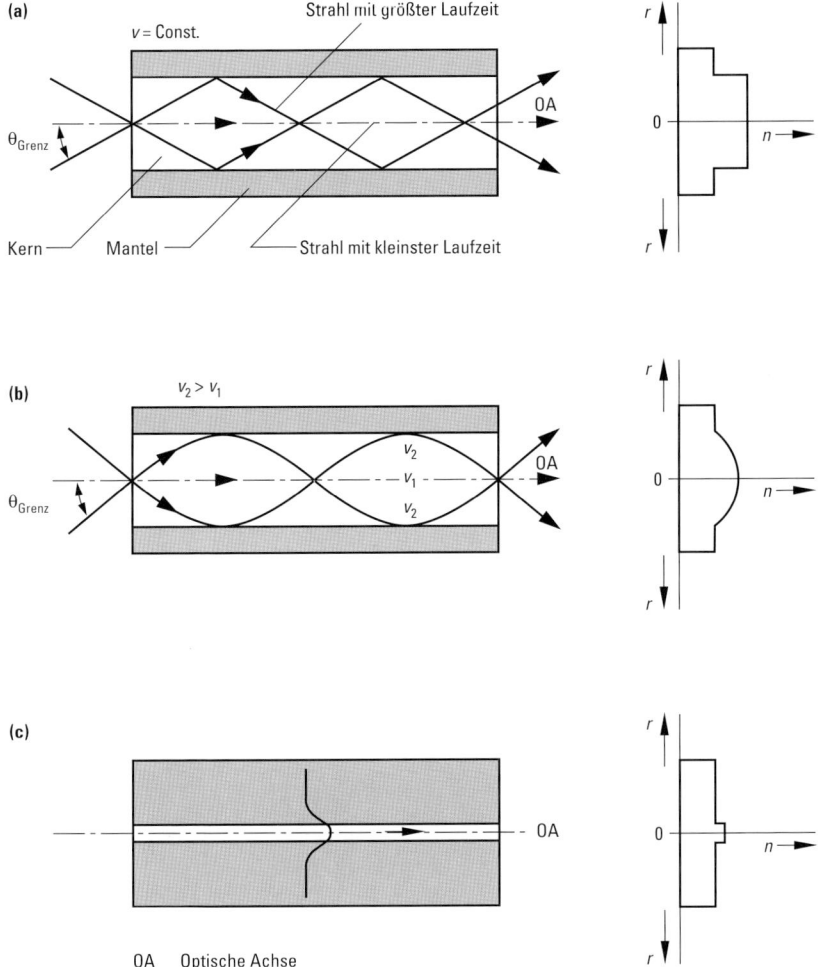

Bild 1.8 Grundtypen von LWL: (a) Stufenindexprofil-LWL; (b) Parabelindexprofil-LWL; (c) Singlemode-LWL

Materialdispersion und Wellenleiterdispersion

Auch nach Einführung des Singlemode-LWL mußte man feststellen, daß es nach wie vor Begrenzungen in der übertragbaren Bandbreite gab. Diese Effekte sind klein im Vergleich zur Modendispersion und treten erst auf, wenn diese unterdrückt wird. Es handelt sich um die Material-

19

dispersion und die Wellenleiterdispersion, die wie die Profildispersion zur chromatischen Dispersion gehören.

Die Materialdispersion ergibt sich aus der Tatsache, daß die Gruppenbrechzahl n_{gr} wellenlängenabhängig ist und entsprechend Gleichung 1.1 die Gruppengeschwindigkeit festlegt. Die Gruppengeschwindigkeit ist die für die Ausbreitung der Lichtwelle im LWL maßgebende Größe, im Gegensatz zur Phasengeschwindigkeit, die die Ausbreitungsgeschwindigkeit der Wellenfläche (Phasenfront) beschreibt. Die Gruppenbrechzahl berechnet sich aus:

$$n_{gr} = n - \lambda \frac{dn}{d\lambda} \qquad (1.21)$$

Je nach spektraler Breite $\Delta\lambda$ des Senders führt dies zu einer entsprechenden Impulsaufweitung (siehe Bild 1.9).

Eine weitere Art der Dispersion, die Wellenleiterdispersion, hat ihre Ursache in der Wellenlängenabhängigkeit der Lichtverteilung des Grund-

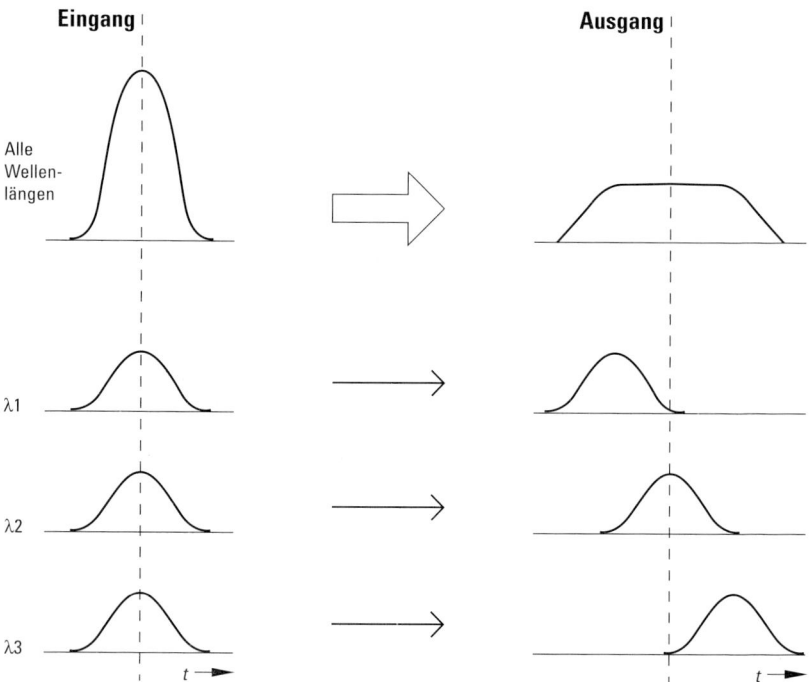

Bild 1.9 Impulsaufweitung durch Materialdispersion

modus auf das Kern- und Mantelglas. Je größer die Wellenlänge ist, um so mehr weitet sich die Welle aus und um so weiter reicht sie in das Mantelglas hinein. Ein wachsender Anteil des Lichts wird im Mantel geführt und hat infolge der niedrigeren Brechzahl eine höhere Ausbreitungsgeschwindigkeit. Es ergibt sich ein gewogener Mittelwert aus den Ausbreitungsgeschwindigkeiten von Kern und Mantel. Dieser ist von der Wellenlänge abhängig. Eine Erhöhung der Bandbreite bei der Übertragung mit Singlemode-LWL ist durch Reduktion der spektralen Breite des Senders möglich (Verwendung von Lasern mit nur einem sehr schmalen Modus) und/oder durch Kompensation der Materialdispersion mit der Wellenleiterdispersion.

Zusammenfassung zur Dispersion

In Tabelle 1.1 sind die häufigsten Dispersionsarten in Abhängigkeit vom Übertragungssystem zusammengestellt. Die angegebenen Zahlenwerte für das Bandbreiten-Längen-Produkt sind grobe Richtwerte, da sie von einer Vielzahl von Systemparametern abhängen.

Bei Überlagerung mehrerer Dispersionseffekte berechnet sich die Gesamtdispersion τ_{ges} aus den einzelnen Dispersionsanteilen der chromatischen Dispersion τ_{chrom} und der Modendispersion τ_{Mod} wie folgt:

$$\tau_{ges} = \sqrt{\tau_{chrom}^2 + \tau_{Mod}^2} \qquad (1.22)$$

Die Modendispersion hängt stark von der Numerischen Apertur der Einkopplung ab. Sie verringert sich mit dem Quadrat der Numerischen Apertur. Bei Einkoppelaperturen von $\sim 0{,}1$ und großen spektralen Breiten der Quelle ist die chromatische Dispersion im Vergleich zur Modendispersion nicht mehr vernachlässigbar.

Tabelle 1.1 Dispersion in verschiedenen Glas-LWL-Systemen

	Multimode-LWL		Singlemode-LWL
	Stufenindexprofil	Parabelindexprofil	
Lumineszenz-diode	Modendispersion ($\tau_{mod} \gg \tau_{chrom}$)	chromatische Dispersion	chromatische Dispersion ($\tau_{chrom} \gg \tau_{mod}$)
	$B \cdot L \approx 50$ MHz $\cdot$ km	$B \cdot L \approx 500$ MHz $\cdot$ km	$B \cdot L \approx 1$ GHz $\cdot$ km
Laserdiode	Modendispersion ($\tau_{mod} \gg \tau_{chrom}$)	Profil- und chromatische Dispersion	chromatische Dispersion ($\tau_{chrom} \gg \tau_{mod}$)
	$B \cdot L \approx 50$ MHz $\cdot$ km	$B \cdot L \approx 1$ GHz $\cdot$ km	$B \cdot L \approx 100$ GHz $\cdot$ km

1.3 Physikalische Größen für Sender und Empfänger

Die Sendeleistung P wird entweder in W bzw. daraus abgeleiteten kleineren Größen wie mW und μW oder in dBm entsprechend Formel 1.6 angegeben.

Bei der Wandlung der Lichtleistung am Ende der optischen Übertragungsstrecke in ein elektrisches Signal ist die Empfängerempfindlichkeit die maßgebende Größe. Sie gibt an, welche Lichtleistung (in Watt) welchen Strom (in Ampere) bewirkt. Typische Empfängerempfindlichkeiten liegen bei 0,5–1 A/W. Bei Empfängern, die ein aufbereitetes Signal z.B. TTL am Ausgang liefern, wird die Empfängerempfindlichkeit in dBm angegeben. In diesen Fällen ist es für den Anwender besonders einfach, Budgetuntersuchungen (siehe Kapitel 13) durchzuführen.

Sender und Empfänger für LWL werden detailliert in Kapitel 8 behandelt.

2 Übersicht über die gebräuchlichsten LWL

Die verschiedenen LWL werden einerseits nach ihrem Aufbau, z.b. Stufenindex oder Gradientenindex oder nach einer speziellen Eigenschaft, z.b. Singlemode oder Multimode, bezeichnet. Beide Bezeichnungsweisen existieren heute in der Fachwelt gleichberechtigt nebeneinander. Die Tabelle 2.1 gibt einen Überblick über die physikalischen Eigenschaften der einzelnen Fasern. Insbesondere werden die heute gebräuchlichsten

Tabelle 2.1   Übersicht über die gebräuchlichsten LWL

	K-LWL	PCF-LWL	Glas-LWL		
Fasertyp	Multimode Stufenindex	Multimode Stufenindex	Multimode Gradientenindex	Multimode Gradientenindex	Singlemode Stufenindex
Werkstoff des Faserkerns	Kunststoff	Glas	Glas	Glas	Glas
Werkstoff des Fasermantels	Kunststoff	Kunststoff	Glas	Glas	Glas
Durchmesser des Kern/Mantel in μm	980/1000	200/230	62,5/125	50/125	9/125
Durchmesser der ersten Schutzhülle in μm	2200	500	250	250	250
Numerische Apertur	0,47	0,36	0,27	0,2	ca. 0,5
Dämpfungskoeffizient α in dB/km					
bei 660 nm	230	7	–	–	–
bei 850 nm	2000	6	≤3,5	≤3,0	–
bei 1300 nm	–	–	≤0,80	≤0,70	≤0,40
typ. Wellenlänge in nm	660	660/850	850/1300	850/1300	1300
Bandbreiten-Längen-Produkt in MHz · km					
bei 660 nm	1	–	–	–	–
bei 850 nm	–	≥17	≥200	≥400	–
bei 1300 nm	–	–	≥600	≥600	>10000
chromatische Dispersion bei 1300 nm					≤3,5 ps/km · nm

Tabelle 2.2 Einsatzbeispiele der einzelnen LWL

Faserkern-durchmesser in µm	Einsatzbeispiele	typische Entfernung	typische Datenraten
10	Telekommunikation	>10 km	Mbit/s–Gbit/s
50 und 62,5	lokale Netze in Gebäuden	bis 4 km	<155 Mbit/s
200	lokale Industrienetze	bis 2 km	<100 Mbit/s
980	lokale Industrienetze, Auto, lokale Netze in Gebäuden	bis 100 m	< 40 Mbit/s

Faserarten, die K-LWL, die Polymer Cladded Fibres (PCF-LWL) und die Glas-LWL betrachtet.

Die optische Dämpfung hat entscheidenden Einfluß auf die Länge der realisierbaren Übertragungsstrecke. Das Bandbreiten-Längen-Produkt gibt Auskunft über die übertragbare Datenrate. Diese Übertragungskenngrößen bestimmen somit maßgeblich den Anwendungsbereich der LWL. Typisch überbrückbare Entfernungen und Datenraten sowie Einsatzgebiete sind in Tabelle 2.2 angegeben.

2.1 Vergleich von Eigenschaften unterschiedlicher Übertragungsmedien

Warum sind LWL eigentlich als Übertragungsmedium interessant? Auf diese Frage soll in diesem Kapitel eine Antwort gegeben werden.

In Tabelle 2.3 sind einige Eigenschaften von K-LWL, Glas-LWL und Kupferleitern im Vergleich dargestellt. Die erste Gruppe befaßt sich mit der elektromagnetischen Verträglichkeit, der galvanischen Trennung, der Abhörsicherheit und dem Risiko in explosionsgefährdeter Umgebung. Dabei haben K-LWL und Glas-LWL gleichermaßen Vorteile. Diese Vorteile resultieren aus der Tatsache, daß die Photonen als Träger der Information im LWL keine elektrische Ladung besitzen, wie es bei den Elektronen als Träger der Information im Kupferleiter der Fall ist.

Die zweite Gruppe umfaßt die äußeren und mechanischen Eigenschaften. Kleine Biegeradien und hohe Flexibilität sind gerade die Vorteile, die den K-LWL im Vergleich zum Glas-LWL interessant machen. Das geringere Gewicht von LWL gegenüber Kupferleitern ist bei fast allen Anwendungen vorteilhaft.

Gegenüber Glas-LWL ist bei K-LWL aufgrund des großen Faserquerschnitts deren Konfektionierung wesentlich einfacher. Bei der Bandbreite haben Glas-LWL unerreichte Vorteile. Die Bandbreite von K-LWL ist je-

Tabelle 2.3
Vergleich von Eigenschaften von K-LWL, Glas-LWL und Kupferleitern

	K-LWL	Glas-LWL	Kupferleiter
elektromagnetische Verträglichkeit (EMV)	++	++	−
galvanische Trennung	++	++	−
Abhörsicherheit	+	+	−
Risiko in explosionsgefährdeter Umgebung	++	++	−
geringes Gewicht	+	+	−
Flexibilität	+	−	+
kleine Biegeradien	+	−	+
Konfektionierung	++	−	+
Bandbreite	+	++	+
optische Dämpfung	−	+	
Kosten	++	−	+

++ sehr gut; + gut; − unbefriedigend

doch für Anwendungen im Kurzstreckenbereich, d.h., in der Industrie, in Gebäuden oder im Auto meist ausreichend.

2.2 Die Vorteile der K-LWL

• Großer Faserquerschnitt

Aufgrund des großen Faserquerschnittes stellt das Positionieren des K-LWL am Lichtsender bzw. am Empfänger kein großes technisches Problem dar. Im Gegensatz zu den Glas-LWL, deren Faserquerschnitt im μm-Bereich liegt, sind für die K-LWL keine aufwendigen Präzisionsbauelemente zur Zentrierung der Faser erforderlich.

• Relativ staubunempfindlich

Gerade in industrieller Umgebung, wo Staub zum Alltag gehört, erweist sich der große Faserquerschnitt als Vorteil. Selbst bei sachgemäßer Behandlung kann Staub auf die Faserstirnfläche gelangen und verändert somit in jedem Falle die ein- bzw. ausgekoppelte Lichtleistung. Geringfügige Verschmutzungen führen beim K-LWL nicht zwangsläufig zum Ausfall der Übertragungsstrecke. Deshalb können die K-LWL verhältnismäßig leicht auch in industrieller Umgebung vor Ort konfektioniert werden.

• Einfacher Umgang

Die 1 mm dicke K-LWL-Faser läßt sich leichter handhaben als z.B. eine 62,5/125 μm dicke Glasfaser. Der Umgang mit K-LWL erweist sich als wesentlich unproblematischer als der mit Glasfasern. Insbesondere neigen Glasfasern bei Biegung um enge Radien zum Zerbrechen, was bei K-LWL nicht der Fall ist. Einfach gesagt kann man sich merken: „Glas bricht, Kunststoff nicht".

- Vorteile des Faserkernwerkstoffes Polymethylmethacrylat (PMMA)

Der Werkstoff PMMA läßt sich sehr gut schneiden, schleifen oder schmelzen. Die Bearbeitung der Stirnflächen der Faser, um eine saubere, glatte und riefenfreie Oberfläche zu erhalten, nimmt daher nur wenig Zeit in Anspruch. Darüber hinaus weist die K-LWL-Faser trotz des relativ großen Querschnitts eine außerordentlich hohe Biegefestigkeit auf. Dies ermöglicht kostengünstigen Einsatz von K-LWL auch unter stark biege-beanspruchten Bedingungen, wie sie oft im Maschinenbau verlangt sind.

- Geringe Kosten

Alle genannten Eigenschaften des K-LWL führen letztlich dazu, daß die Komponenten zum Anschluß an Sender und Empfänger (Stecker, Gehäuse) relativ preiswert sind. Die unkomplizierte Bearbeitung der Stirnflächen ist insbesondere bei der Montage im Feld äußerst kosten-günstig zu bewerkstelligen.

3 Aufbau und Herstellung der K-LWL

3.1 Werkstoffe für die K-LWL

Werkstoffe für den Faserkern

Heute wird hauptsächlich Polymethylmethacrylat (PMMA) als Faserkernwerkstoff verwendet. Darüber hinaus werden andere Werkstoffe wie Polystyrol (PS) und Polycarbonat (PC) als Faserkernwerkstoffe für Spezialanwendungen benutzt. In Tabelle 3.1 sind die wichtigsten Eigenschaften dieser Werkstoffe angegeben und in Bild 3.1 deren chemische Struktur dargestellt.

PS ist sehr spröde und wird daher, trotz seiner sehr geringen optischen Dämpfung im Vergleich zu den anderen genannten Werkstoffen, nur selten verwendet. Das PC ist besonders für Anwendungen bei hohen Umgebungstemperaturen (z.B. im Auto) wegen seiner hohen Temperaturbe-

Tabelle 3.1 Eigenschaften der Faserkernwerkstoffe

Werkstoff	Brechzahl n_1	optische Dämpfung / Wellenlänge	Glasübergangstemperatur
PMMA	1,49	70–100 dB/km / 570 nm 125–150 dB/km / 650 nm	105 °C
PC	1,58	700 dB/km / 580 nm 600 dB/km / 765 nm	150 °C
PS	1,59	90 dB/km / 580 nm 70 dB/km / 670 nm	100 °C

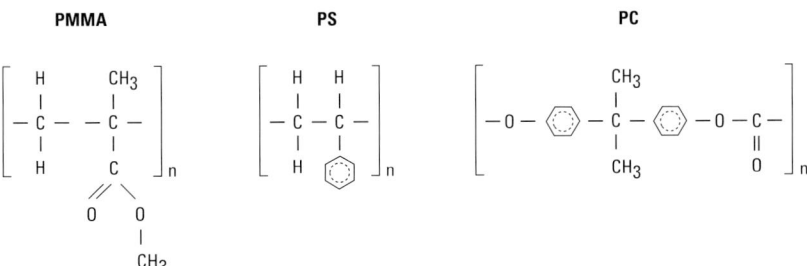

Bild 3.1 Chemische Struktur von PMMA, PS und PC

ständigkeit geeignet, hat jedoch eine deutlich höhere optische Dämpfung als PMMA. Gegenüber PMMA weist PC aber eine deutlich höhere Wechselbiegefestigkeit bei kleinen Biegeradien auf [3.1].

Die Suche nach neuen geeigneten Werkstoffen für K-LWL konzentriert sich einerseits auf die Minimierung der optischen Dämpfung und andererseits auf Werkstoffe, die neben einer geringen optischen Dämpfung eine hohe Temperaturbeständigkeit aufweisen.

Laborversuche mit PMMA, bei denen Wasserstoffatome durch Fluor- oder Deuteriumatome ersetzt wurden, zeigen eine deutlich verringerte optische Dämpfung der Faser. Theoretisch ist eine Dämpfung von 9,1 dB/km bei 680 nm durch Deuterierung erreichbar [3.2]. Im Rahmen der Entwicklungsarbeiten zur Herstellung der Kunststoff-Gradientenindexfaser wurde dies genauer untersucht. So konnte an einer fluorierten Kunststoff-Gradientenindexfaser eine optische Dämpfung von weniger als 50 dB/km im Wellenlängenbereich von 500–1300 nm gemessen werden [3.3].

Mantelwerkstoffe

Für den Mantel werden heute Fluorpolymere eingesetzt. Bei der Auswahl dieser Werkstoffe kommt es aus physikalischer Sicht zunächst darauf an, daß die Mantelbrechzahl n_2 kleiner als die Kernbrechzahl n_1 ist. Darüber hinaus ist der Brechzahlunterschied für die Größe der Numerischen Apertur maßgeblich (siehe Formel 1.12). Heute werden für PMMA-Fasern Fluorpolymere mit einer Brechzahl im Bereich von 1,35–1,42 eingesetzt. Für Polystyrol wird u. a. PMMA als Mantel verwendet.

3.2 Faserarten

Stufenindex-K-LWL

Kommerziell sind heute nur Stufenindex-K-LWL verfügbar. Derartige Fasern sind in der IEC 60793-2 spezifiziert (siehe Tabelle 3.2).

Zur Zeit wird eine Kategorie A4d diskutiert, die sich von der Kategorie A4a bezüglich der Numerischen Apertur ($NA = 0,33 \pm 0,03$), die eine höhere Bandbreiten-Längen-Produkt (≥ 100 MHz $\cdot$ 100 m) zur Folge hat, und der optischen Dämpfung (≤ 200 dB/km) unterscheidet. Wegen der geringeren Numerischen Apertur wird zur besseren Unterscheidung diese Faser oft als „Low NA"-Faser bezeichnet. Die geringere NA dieser Faser hat jedoch zur Folge, daß der Einfluß des Biegeradius auf die Dämpfung größer als bei der A4a Faser ist. Dies muß bei der Verlegung solcher Fasern berücksichtigt werden.

Tabelle 3.2 Genormte K-LWL-Faserarten

Kategorie	A4a	A4b	A4c
Kerndurchmesser	typisch 10 bis 20 μm kleiner als der Manteldurchmesser		
Manteldurchmesser in μm	1000 ± 60	750 ± 45	500 ± 30
Numerische Apertur	0,5 ± 0,15		
Dämpfung in dB auf 100 m	≤ 40		
Bandbreiten-Längen-Produkt in MHz · 100 m	≥ 10		

Neben den genormten Faserarten sind weitere Stufenindex-K-LWL mit Durchmessern von 75 μm, 125 μm, 250 μm, 380 μm, 1500 μm, 2000 μm und 3000 μm im freien Handel erhältlich.

Der prinzipielle Aufbau eines Stufenindex-K-LWL ist in Bild 3.2 dargestellt.

Der Faserkern dient zur Führung der Lichtwellen. Wegen der kleineren Brechzahl gegenüber dem Kern ermöglicht der unmittelbar anschließende Mantel die Totalreflexion und somit die Weiterleitung des Lichtes im Kern. Eventuelle Beschädigungen des Mantels verursachen demnach Lichtverluste durch Auskopplung, was eine erhöhte optische Dämpfung zur Folge hat.

Das Kurzzeichen ist, in Anlehnung an DIN VDE 0888 Teil 4, im folgenden Beispiel für eine 1000-μm-Faser erläutert:

Kurzzeichen

F – P 980/1000 150 A 10

F – Faser
P – K-LWL mit Stufenindexprofil
980/1000 – Kern/Manteldurchmesser
150 – Dämpfungskoeffizient in dB/km
A – Wellenlänge 650 nm
10 – Bandbreiten-Längen-Produkt 10 MHz · 100 m

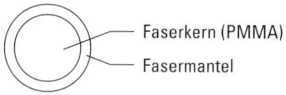
Faserkern (PMMA)
Fasermantel

Bild 3.2 Aufbau eines Stufenindex-K-LWL

29

Technische Eigenschaften

Heute sind K-LWL mit PMMA-Kern mit folgenden typischen Eigenschaften verfügbar:

Kerndurchmesser:	980 μm
Manteldurchmesser:	1000 μm
Zugfestigkeit:	5 N
minimaler Biegeradius:	5–10 mm
optische Dämpfung:	130–150 dB/km
Numerische Apertur:	0,5
Akzeptanzwinkel:	30°
Bandbreiten-Längen-Produkt:	40 MHz · 100 m

Beim Dämpfungskoeffizienten ist zu beachten, daß dessen Messung monochromatisch bei 650 nm unter Verwendung eines Modenmischers durchgeführt wird.

Gradientenindex-K-LWL

Gradientenindex-K-LWL befinden sich in der Entwicklung. In [3.4] werden mögliche Faserdurchmesser diskutiert. Darin wird festgestellt, daß für Systeme mit einer Datenübertragungsrate bis 1 Gbit/s für Gradientenindex-K-LWL Faserdurchmesser von 600 μm bis 1200 μm geeignet sind. In weiteren Untersuchungen wird von erfolgreichen Versuchen zur Datenübertragung mit 2,5 Gbit/s auf 100 m berichtet, und die Bandbreite von Gradientenindex-K-LWL mit ca. 2 GHz bezogen auf 1 km abgeschätzt [3.5; 3.6].

Wenn die großtechnische Fertigung solcher Fasern eines Tages möglich wird, dann können die K-LWL in neuen, bisher nicht erschlossene Anwendungen, wie z.B. LAN-Verkabelungen (*Local Area Network*), eingesetzt.

Ein Überblick über den aktuellen Stand der Entwicklung findet sich in [3.7].

Singlemode-K-LWL

Auch die Herstellung von Singlemode-K-LWL wurde im Labor erprobt. Man erreichte eine optische Dämpfung von 200 dB/km bei einer Wellenlänge von 652 nm [3.8]. Eine Weiterentwicklung auf diesem Gebiet erscheint wenig sinnvoll, da gerade der große Kernquerschnitt der Vorteil der K-LWL ist.

3.3 Herstellungsverfahren

Bei der Herstellung müssen vier grundlegende Schritte durchgeführt werden:

▷ die Reinigung der Ausgangsstoffe,

▷ die Polymerisation,

▷ die Formung der Fasergeometrie und

▷ das Aufbringen des Fasermantels.

Die Reinigung der monomeren Ausgangsstoffe ist für die Güte der optischen Dämpfung der Faser von entscheidender Bedeutung. Die häufigsten Ursachen für Verunreinigungen in den Ausgangsstoffen sind

▷ Hemmstoffe, die den Monomeren zugegeben werden, um eine frühzeitige Polymerisation zu verhindern,

▷ Nebenprodukte aus der Monomerherstellung sowie

▷ Wasser, Metalle und Staubpartikel.

Bei der Polymerisation werden aus vielen Einzelmolekülen (= Monomere) kettenförmige Makromoleküle (= Polymere) hergestellt. Dazu werden Zusatzstoffe wie Initiatoren und Polymerisationsregler benötigt. Bei der Wahl des Verfahrens ist es wegen der hohen Reinheitsanforderungen an das Polymer wichtig, ein Verfahren auszuwählen, das möglichst geringe Mengen dieser Zusatzstoffe erfordert. Aus dem gleichen Grund müssen im Prozeß auftretende Verunreinigungen durch die Apparatur minimiert werden.

Der prinzipielle Ablauf der chemischen Reaktion ist in Bild 3.3 am Beispiel des PMMA dargestellt.

Dabei gibt n den Polymerisationsgrad, d.h. die Anzahl der vernetzten Monomere an.

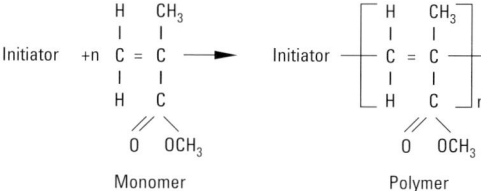

Bild 3.3 Polymerisation von PMMA

Zur Herstellung von K-LWL Fasern sind folgende Verfahren bekannt:

▷ Faserziehen aus der Vorform,

▷ Schubextrusion,

▷ kontinuierliche Extrusion und

▷ Spinn-Schmelz-Verfahren.

Faserziehen aus der Vorform

Dieses Verfahren ist bereits aus der Herstellung der Glas-LWL bekannt.
Zunächst wird eine Vorform, z.B. mit dem Verfahren der Schubextrusion
(siehe Bild 3.4), hergestellt. Die Vorform besteht aus einem Polymer-
zylinder, der konzentrisch mit dem Mantelglas umhüllt ist. Diese Vorform wird durch Erwärmen geschmolzen, wodurch das Faserziehen möglich wird. Der Gesamtprozeß ist diskontinuierlich und relativ aufwendig.
Stufenindexfaser lassen sich durch andere Verfahren einfacher herstellen.
In [3.9] wird dieses Verfahren u.a. zur Herstellung von K-LWL mit
Polystyrol-Kern eingesetzt. Zur Erzeugung von Gradientenindex-K-LWL
ist dieses Verfahren sehr gut geeignet, da sich das Brechzahlprofil einfacher herstellen läßt als bei einem Extrusionsprozeß. Hierbei können
Erfahrungen aus der Glasfaserherstellung genutzt werden. Erfolgreiche
Versuche dazu werden z.B. in [3.7] beschrieben.

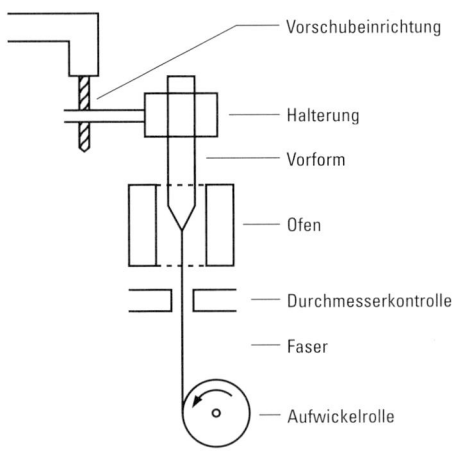

Bild 3.4
Vorrichtung zur Herstellung von K-LWL-Fasern durch Faserziehen aus einer
Vorform

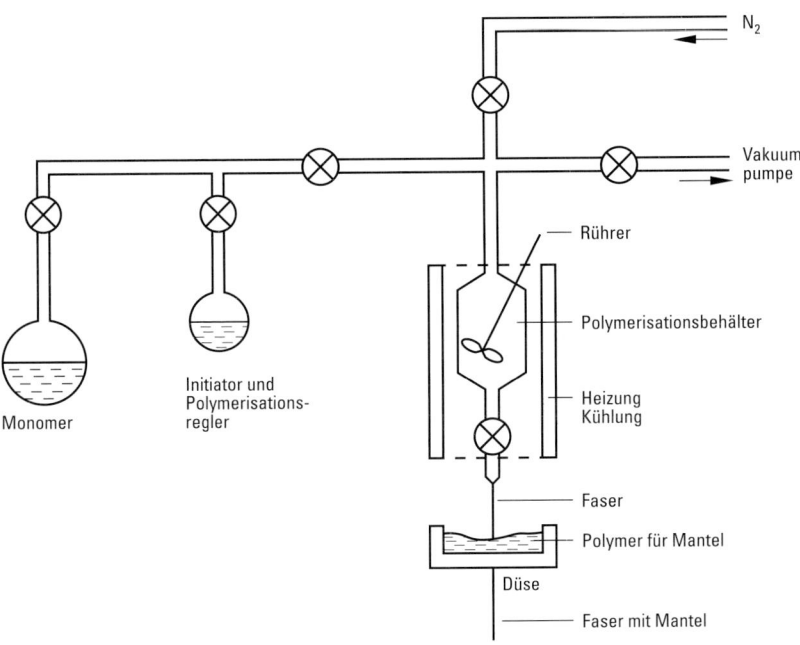

Bild 3.5 Vorrichtung zur schubweisen Polymerisation von K-LWL-Fasern

Schubextrusion

Unter Vakuum wird zunächst das Monomer durch Destillation in den Polymerisationsbehälter (siehe Bild 3.5) eingebracht. Anschließend wird in gleicher Weise der Initiator und der Polymerisationsregler dazugegeben. Im Behälter findet bei ca. 180 °C die Polymerisation statt. Nachdem diese abgeschlossen ist, wird der Behälter abgedichtet und das geschmolzene Polymer unter Druck mit Hilfe von Stickstoff über eine Düse herausgedrückt. Gleichzeitig wird unmittelbar in der Düse die Faser ummantelt. Großtechnisch wird dieses Verfahren wegen seiner diskontinuierlichen Durchführung nicht eingesetzt.

Kontinuierliche Extrusion

Die Vorrichtung in Bild 3.6 ist geeignet, K-LWL kontinuierlich und damit großtechnisch herzustellen. In einem geheizten Reaktor wird das Gemisch aus Monomer, Initiator und Polymerisationsregler bis zu 80% vorpolymerisiert. Mit Hilfe einer Pumpe gelangt dieses Gemisch anschließend in einen Extruder. Dort erfolgt eine Entgasung des Gemisches, wobei die Monomerreste abgesaugt und in den Reaktor zur Vor-

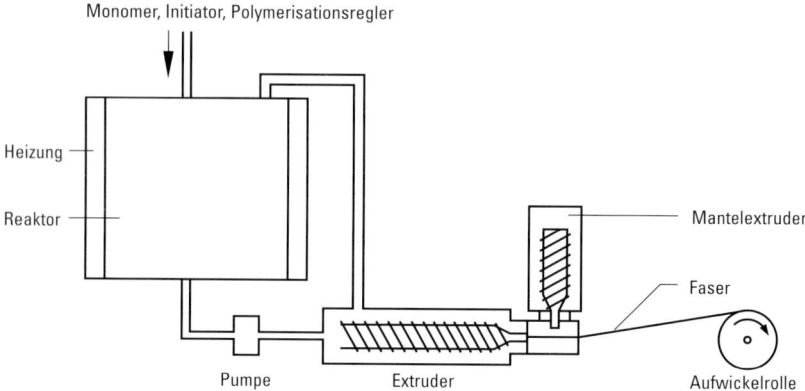

Monomer, Initiator, Polymerisationsregler

Heizung

Reaktor

Mantelextruder

Faser

Pumpe   Extruder   Aufwickelrolle

Bild 3.6 Vorrichtung zur kontinuierlichen Herstellung von K-LWL

polymerisation rückgeführt werden. Am Ausgang des Extruders wird das Polymer durch eine Düse gedrückt, wodurch der Faser ihre geometrische Form gegeben wird. Mit Hilfe eines zweiten Extruders wird dann die Faser ummantelt.

Spinn-Schmelz-Verfahren

Bei diesem Verfahren wird das Polymer geschmolzen und anschließend durch einen Spinnkopf gedrückt (siehe Bild 3.7). Ein Teil der Bohrungen im Spinnkopf dient zur geometrischen Formung der Fasern, der andere

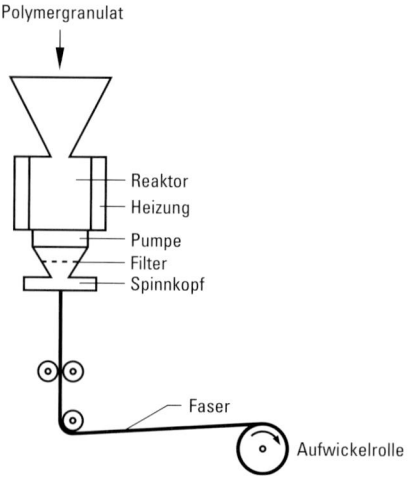

Polymergranulat

Reaktor
Heizung
Pumpe
Filter
Spinnkopf

Faser

Aufwickelrolle

Bild 3.7
Vorrichtung zur Herstellung von K-LWL mit dem Spinn-Schmelz-Verfahren

als Zufuhr für das Mantelpolymer. Am Ausgang des Spinnkopfes erhält man somit eine vollständig ummantelte Faser. Durch einen Spinnkopf mit mehreren Bohrungen lassen sich gleichzeitig mehrere Fasern herstellen. Dieses effiziente Verfahren ermöglicht sehr hohe Abzugsgeschwindigkeiten. Allerdings ist die Errichtung einer so aufwendigen Anlage sehr teuer.

In allen genannten Verfahren wird die Faser nach der geometrischen Formung einem Streckprozeß unterzogen, bei dem die Polymermoleküle eine spezielle Orientierung erfahren. Dabei erhält die Faser ihren eigentlich gewünschten Durchmesser. Dieser Prozeß hat maßgeblichen Einfluß auf die mechanischen Eigenschaften der Faser, wie z.B. auf die Zugfestigkeit.

4 Übertragungstechnische Eigenschaften der Faser und Meßverfahren

Die Dämpfung und das Bandbreiten-Längen-Produkt sind die wichtigsten Parameter zur Kennzeichnung der Übertragungseigenschaften eines LWL.

Die Meßverfahren für K-LWL wurden größtenteils, unter Anpassung der Prüfbedingungen, von den für Glas-LWL gültigen Verfahren übernommen. Diese sind u. a. in Europa in der EN 187000/A1 bzw. EN 188000, in der IEC 60793-1 und in Japan im JIS C 6863 beschrieben.

4.1 Optische Dämpfung

4.1.1 Ursachen

Während der Ausbreitung im LWL wird das Licht in Abhängigkeit von seiner Wellenlänge λ abgeschwächt. Es erfährt eine Dämpfung $A(\lambda)$, die in dB (s. Formel 1.4) gemessen wird. Je geringer die Dämpfung, um so größer ist das meßbare Lichtsignal am Ende des LWL. Die Dämpfung hat also entscheidenden Einfluß auf die Streckenlänge, die mit LWL überbrückt werden kann. Üblicherweise wird die Dämpfung eines LWL durch den Dämpfungskoeffizienten $\alpha(\lambda)$ in dB/km angegeben.

Die Dämpfung wird hauptsächlich durch folgende Effekte verursacht:

▷ Streuung (α_S),

▷ Absorption (α_A) und

▷ Strahlungsverlust (α_V).

Die Summe der einzelnen Anteile ergibt den Dämpfungskoeffizient α mit

$$\alpha = \alpha_S + \alpha_A + \alpha_V \tag{4.1}$$

Die Streuung wird einerseits durch Inhomogenitäten (Dichte, Konzentration) im Material des LWL (intrinsische Verluste, also nicht vermeidbare Verluste) und andererseits durch extrinsische Verluste (vermeidbare Verluste) wie Einschlüsse und Schmutz hervorgerufen. Da das für K-LWL verwendete PMMA hochrein ist, überwiegen die intrinsischen Verluste.

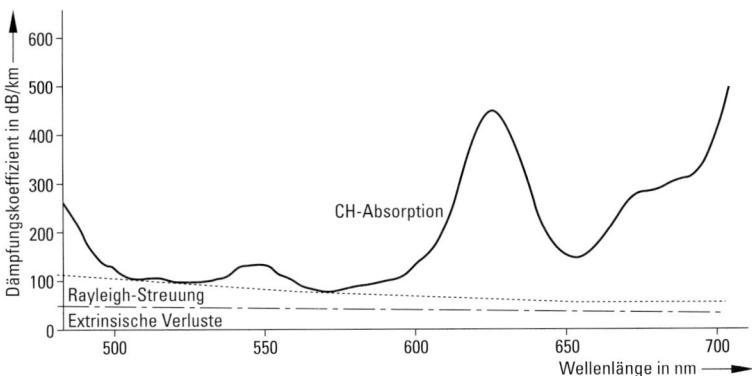

Bild 4.1   Verlauf des Dämpfungskoeffizienten $\alpha\,(\lambda)$ einer PMMA-Faser

Mit guter Näherung können die Verluste durch Streuung α_S durch das Rayleigh-Streuungsgesetz beschrieben werden:

$$\alpha_S \sim \frac{1}{\lambda^4} \tag{4.2}$$

Während die Streuung bei allen Wellenlängen stattfindet, tritt die Absorption nur bei bestimmten Wellenlängen auf. Bei der Absorption treten die Photonen mit Elektronen und Molekülen des Fasermaterials in Wechselwirkung. Dabei wird die Photonenenergie, also die Lichtenergie, absorbiert. Die Absorption durch Elektronen ist im PMMA vernachlässigbar, wogegen sie in CH-Verbindungen die optische Dämpfung entscheidend beeinflußt (Bild 4.1). Extrinsische Absorptionsverluste treten durch chemische Verunreinigungen auf. Strahlungsverluste dagegen entstehen durch Krümmungen des LWL, variierende Abmessungen des Faserdurchmessers, sowie durch Störungen in der Kern-Mantel-Grenzfläche und sind somit extrinsischer Natur.

4.1.2 Messung der optischen Dämpfung

In der Praxis interessieren weniger die einzelnen Anteile, als die Summe aller Verluste, die die optische Dämpfung bewirken.

Beim Durchlichtverfahren wird ein LWL der Länge L in m an eine Lichtquelle mit definierter Wellenlänge der Leistung P_0 in dBm angeschlossen. Am Ende des LWL wird dann die Lichtleistung P_L in dBm gemessen. Aus der Differenz von P_0 und P_L läßt sich der Leistungsverlust, d.h. die optische Dämpfung A in dB bestimmen als

$$A = P_0 - P_L \tag{4.3}$$

37

Der Dämpfungskoeffizient α in dB/m ist gleich der Dämpfung A auf einer Länge L von 1 m:

$$\alpha = \frac{A}{L} = \frac{P_0 - P_L}{L} \qquad (4.4)$$

Um die Lichtleistung am Anfang und Ende des LWL zu bestimmen, wählt man üblicherweise das Einfügeverfahren (Insertion Loss Technique) und das Rückschneideverfahren (Cut Back Method).

Beim *Einfügeverfahren* wird die Lichtleistung P_0 in dBm am Ende eines kurzen LWL-Stückes gemessen. Das LWL-Stück soll vom Aufbau und den Eigenschaften mit dem zu prüfenden LWL übereinstimmen. Anschließend wird der zu prüfende LWL angeschlossen, und die Lichtleistung P_L in dBm am Ende des Leiters bestimmt. Bei der Berechnung des Dämpfungskoeffizienten α in dB/m muß dann lediglich die Dämpfung A_{ref} des kurzen LWL-Stückes L_{ref}, das als Referenz dient, wie folgt berücksichtigt werden:

$$\alpha = \frac{P_0 - P_L - A_{ref}}{L} \qquad (4.5)$$

Bei der Durchführung ist besonders auf gleiche Anregungsbedingungen und saubere Konfektionierung zu achten, da diese maßgeblichen Einfluß auf die Reproduzierbarkeit und Genauigkeit des Verfahrens haben.

Eine Verbesserung kann durch das *Rückschneideverfahren* erreicht werden. Dabei wird ein LWL der Länge L an Lichtquelle und Empfänger angeschlossen und die Lichtleistung P_L gemessen. Anschließend wird der LWL vom Empfänger getrennt und 1m hinter der Lichtquelle (dies entspricht L_{ref}) durchgeschnitten. Dieses Referenzstück wird an den Empfänger wieder angeschlossen und der Wert P_0 gemessen. Somit berechnet sich der Dämpfungskoeffizient α in dB/m wie folgt:

$$\alpha = \frac{(P_0 - P_L)}{(L - L_{ref})} \qquad (4.6)$$

Bei der Angabe von Dämpfung und Dämpfungskoeffizient muß die Wellenlänge, bei der diese Werte gemessen wurden, ausgewiesen werden.

Ein weiteres Verfahren ist das *Rückstreuverfahren*. Dabei wird an einem Ende des LWL das Licht eingekoppelt und auch am selben Ende empfangen. Das empfangene Licht entsteht im selben LWL durch Rayleigh-Streuung. Somit lassen sich mit diesem Verfahren auch lokal begrenzte Störungen feststellen und lokalisieren. Der rückgestreute Anteil ist jedoch im Vergleich zum eingekoppelten Licht sehr klein, da er auf seinem Rückweg nochmals gedämpft wird. Wegen der hohen Dämpfung des K-LWL erfordert das Verfahren einen sehr leistungsstarken Sender und einen entsprechend empfindlichen Empfänger. Dafür geeignete Meßgeräte sind zur Zeit im freien Handel nicht erhältlich. Deshalb spielt dieses Verfahren heute für Messungen an K-LWL keine Rolle. Dagegen ist es bei Glas-LWL das verbreitetste Verfahren, um die Dämpfung zu bestimmen.

4.1.3 Filtereffekt

Der Filtereffekt tritt speziell bei K-LWL auf und führt dazu, daß der Dämpfungskoeffizient in Abhängigkeit vom verwendeten Sender längenabhängig sein kann.

Wie entsteht dieser Effekt? Die Bezeichnung Filtereffekt deutet bereits an, daß es sich hierbei um ein Phänomen handelt, bei dem bestimmte Lichtanteile „gefiltert" werden. Betrachten wir zunächst das Dämpfungsspektrum eines K-LWL.

Wie wir in Bild 4.2 erkennen können, ist die optische Dämpfung sehr stark von der Wellenlänge abhängig.

Es lassen sich drei Bereiche finden, in denen wegen der lokalen Dämpfungsminima die Datenübertragung sinnvoll ist. Ähnlich wie bei Glas-LWL nennen wir diese Bereiche optische Fenster. In Tabelle 4.1 sind diese optischen Fenster im Vergleich zu denen der Glas-LWL dargestellt.

Im gebräuchlichsten 3. optischen Fenster von 650–670 nm ist ein Dämpfungsanstieg von 130 dB/km bei 650 nm auf 280 dB/km bei 670 nm zu beobachten. Bei Wellenlängen um 570 nm und 520 nm kann eine solch starke Änderung nicht festgestellt werden. Aufgrund der geringen optischen Dämpfung würden sich deshalb diese Bereiche zur Datenübertra-

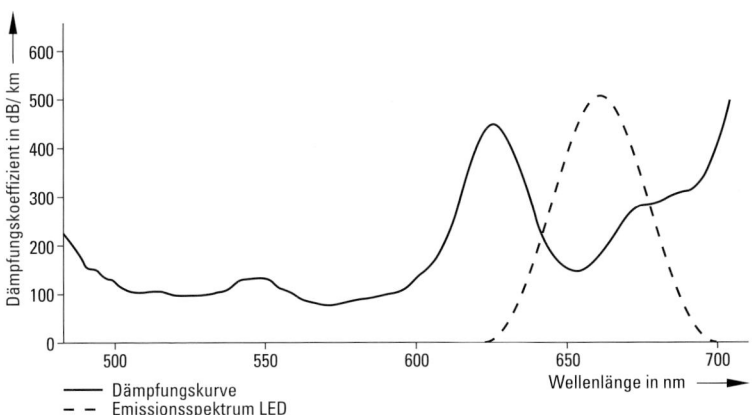

Bild 4.2 Dämpfungsspektrum eines K-LWL und Emissionsspektrum einer LED; FWHM (*F*ull *W*idth at *H*alf *M*aximum) = 30 nm

Tabelle 4.1
Optische Fenster bei der Übertragung für K-LWL aus PMMA und für Glas-LWL bei unterschiedlichen Wellenlängen

	optisches Fenster	Wellenlänge im Minimum in nm	typischer minimaler Dämpfungskoeffizient in dB/km*
K-LWL	1	520	73
	2	570	66
	3	650	130
Glas-LWL	1	850	4
	2	1300	0,4
	3	1550	0,2

* Die angegebenen Werte sind typisch und hängen von der Faserqualität und den Meßbedingungen ab.

gung anbieten. Da jedoch bisher nur für wenige spezielle Anwendungen solche Sender zur Verfügung stehen, wird dieser Bereich heute nur selten genutzt.

Schauen wir uns nun das Emissionsspektrum einer LED (siehe Bild 4.2) an, die in der Praxis als Sender verwendet wird. Die typische Halbwertsbreite (FWHM = Full Width at Half Maximum) derartiger LED beträgt 20–30 nm. Die Peakwellenlänge liegt im Bereich von 650–670 nm.

Die Fläche unter der Glockenkurve entspricht der gesamten optischen Sendeleistung.

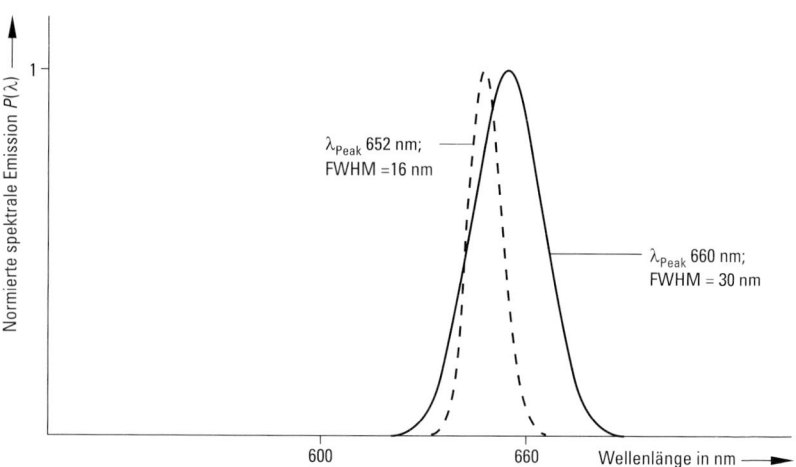

Bild 4.3
Normierte spektrale Verteilung der Sendeleistung am Anfang und am Ende eines 100 m langen K-LWL (berechnet)

Die starke Abhängigkeit des Dämpfungskoeffizienten (siehe Bild 4.2.) von der Wellenlänge wirkt sich so aus, daß die einzelnen Anteile der emittierten Lichtleistung unterschiedlich stark gedämpft werden. So werden z. B. die Leistungsanteile bei 650 nm weniger stark gedämpft als alle anderen Anteile, die ober- bzw. unterhalb 650 nm liegen. Betrachtet man die spektrale Verteilung am Ende eines K-LWL (siehe Bild 4.3), so verschiebt sich die Peakwellenlänge λ_{Peak} in Richtung 650 nm, dem Dämpfungsminimum, und die Halbwertsbreite wird kleiner.

Die Rechnung zeigt, daß am Ende eines 100 m langen K-LWL die Peakwellenlänge von 660 nm nach 652 nm verschoben und die Halbwertsbreite halbiert (siehe Bild 4.3) ist.

Der Verlauf der Dämpfung in Abhängigkeit von der Länge des K-LWL läßt sich wie im folgenden beschrieben berechnen.

Ausgangspunkt unserer Überlegungen ist die Formel 1.4, wobei zu beachten ist, daß P eine wellenlängenabhängige Größe ist.

$$A(L) = 10 \log \frac{P_0(\lambda)}{P_1(\lambda)} \tag{4.7}$$

Für die Berechnung der am LWL eingekoppelten Leistung $P_0(\lambda)$, deren spektrale Verteilung in guter Näherung durch eine Gaußverteilung beschrieben werden kann, geben wir die Peakwellenlänge λ_{Peak} und die Halbwertsbreite $\Delta\lambda_{FWHM}$ vor. Einkoppelverluste werden an dieser Stelle nicht berücksichtigt.

$$P_0(\lambda) = e^{\frac{-4\ln 2}{\Delta\lambda_{FWHM}^2} \cdot (\lambda - \lambda_{Peak})^2} \tag{4.8}$$

Der Dämpfungskoeffizient $\alpha(\lambda)$ steht als gemessene Datenreihe zur Verfügung (monochromatisch gemessen; siehe Tabelle 4.2).

Durch Umstellen von Formel 4.7 erhalten wir P_L, wobei P_0 wie oben beschrieben eingesetzt wird.

$$P_L(\lambda) = P_0 \cdot 10^{-\frac{\alpha(\lambda)L}{10}} \tag{4.9}$$

Somit berechnet sich die Dämpfung A eines LWL der Länge L_1 bei Integration über λ wie folgt:

$$A_{L_1}(\lambda) = 10 \log \frac{\int_0^\infty P_0(\lambda)\,d\lambda}{\int_0^\infty P_{L_1}(\lambda)\,d\lambda} \tag{4.10}$$

Dabei wird P_0 mit Formel 4.8 und P_1 mit Formel 4.9 berechnet.

Tabelle 4.2
Typischer spektraler Verlauf des Dämpfungskoeffizienten eines K-LWL

Wellen-länge λ in nm	Dämpfungs-koeffizient α in dB/km	Wellen-länge λ in nm	Dämpfungs-koeffizient α in dB/km	Wellen-länge λ in nm	Dämpfungs-koeffizient α in dB/km
400	162	554	94	628	402
410	148	556	88	630	361
420	134	558	78	632	326
430	119	560	73	634	285
440	109	562	71	636	244
450	101	564	70	638	209
460	92	566	69	640	184
470	88	568	69	642	166
480	90	570	69	644	147
490	86	572	71	646	138
500	76	574	73	648	134
502	75	576	73	650	132
504	74	578	76	652	140
506	75	580	79	654	150
508	74	582	78	656	166
510	73	584	82	658	181
512	73	586	84	660	199
514	73	588	84	662	217
516	73	590	88	664	234
518	73	592	94	666	250
520	73	594	103	668	262
522	73	596	111	670	272
524	75	598	123	672	277
526	78	600	136	674	285
528	79	602	150	676	287
530	82	604	168	678	289
532	86	606	197	680	293
534	92	608	230	682	299
536	98	610	268	684	304
538	109	612	304	686	308
540	113	614	348	688	314
542	117	616	388	690	324
544	117	618	418	692	339
546	117	620	441	694	363
548	113	622	445	696	398
550	107	624	440	698	443
552	103	626	426	700	498

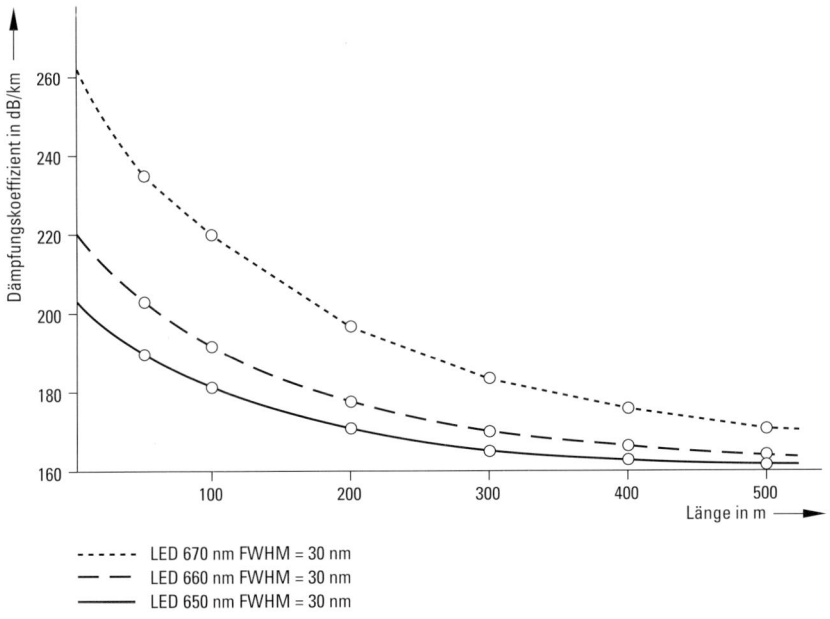

Bild 4.4
Abhängigkeit des Dämpfungskoeffizienten von der Länge des K-LWL bei
Verwendung von LED mit unterschiedlicher Peakwellenlänge als Sender

Das Ergebnis dieser Berechnung zeigt, daß der Dämpfungskoeffizient
(siehe Bild 4.4) bei Verwendung einer LED als Sender eine längenabhängige Größe ist. Mit zunehmender Länge wird diese Abhängigkeit immer kleiner.

Aus der gleichen Berechnung lassen sich für unterschiedliche Peakwellenlängen für 50 m lange K-LWL die in der nachfolgenden Tabelle dargestellten Werte der Dämpfungserhöhung ableiten.

Logischerweise ist beim Einsatz einer monochromatischen Quelle als
Sender eine solche Abhängigkeit nicht vorhanden.

Tabelle 4.3
Änderung des Dämpfungskoeffizienten in Abhängigkeit von der Änderung der
Peakwellenlänge des Senders bei einem K-LWL von 50 m Länge

Änderung der Peakwellenlänge des Senders in nm	Zunahme des Dämpfungskoeffizienten in dB/km
von 650 nach 660	16
von 660 nach 670	41
von 670 nach 680	53

4.1.4 Anregungsbedingungen

Neben dem Filtereffekt haben auch die Anregungsbedingungen Einfluß auf das Ergebnis der Dämpfungsmessung. Dabei versteht man unter den Anregungsbedingungen die Verteilung der in den LWL eingekoppelten Leistung auf die ausbreitungsfähigen Moden.

Modengleichverteilung UMD (Uniform Mode Distribution)

Durch homogene Einkopplung des Lichtes in den LWL über den gesamten Kern und die Numerische Apertur (Vollanregung) führt zunächst jeder angeregte Modus die gleiche Energie (Modengleichverteilung). Im weiteren Verlauf des LWL werden jedoch die einzelnen Moden unterschiedlich stark gedämpft. Das resultiert daraus, daß höhere Moden größere Wege im LWL zurücklegen als Moden niedrigerer Ordnung (siehe Abschnitt 1.2.3). Moden höherer Ordnung werden somit stärker gedämpft und ihre Lichtleistung ändert sich. Zusätzlich findet zwischen den einzelnen Moden ein Energieaustausch statt, der die Modengleichverteilung ändert. Diese sogenannte Modenkopplung resultiert hauptsächlich aus Inhomogenitäten im Kernmaterial sowie aus Durchmesserschwankungen und herstellungsbedingten Unebenheiten in der Kern-Mantel-Grenzfläche.

Modengleichgewichtsverteilung EMD (Equillibrium Mode Distribution)

Nach einer bestimmten Länge des LWL stellt sich ein stationärer Zustand ein, wodurch die Energieverteilung auf die Moden im weiteren Lauf unverändert bleibt. Die Messung ist somit nicht mehr längenabhängig. Darüber hinaus ist die Modengleichgewichtsverteilung (EMD) jetzt unabhängig von den jeweiligen Anregungsbedingungen. Um also reproduzierbare Meßergebnisse zu erhalten, ist eine Anregung mit EMD erforderlich.

Möglichkeiten zur Realisierung der EMD

• Vorlauffaser

Wie bereits erläutert, stellt sich in jedem LWL nach einer bestimmten Länge die EMD ein. Man kann also zunächst eine hinreichend lange Faser vorschalten und erreicht damit den gewünschten Effekt. In der Praxis ist diese Methode jedoch nicht sinnvoll, da die Fasern unzweckmäßig lang sein müssen (bis zu einigen km bei Glasfasern). Beim K-LWL reicht eine Länge von einigen 10 m aus. Nachteilig ist dabei die hohe Dämpfung der Vorlauffaser und der eventuell auftretende Filtereffekt.

• 70% Einkopplung

Wenn man mit Hilfe geeigneter Linsen und Blenden nur 70% des Kernquerschnitts und der Numerischen Apertur bei der Einkopplung ausleuchtet, werden Moden höherer Ordnung von vornherein ausgeschlossen. Damit läßt sich eine Modenverteilung erzielen, die etwa der EMD entspricht.

• Modenmischer

In den meisten Fällen verwendet man heute einen Modenmischer. Mit Modenmischern wird der bereits erwähnte Effekt der Modenkopplung erzwungen. Dazu werden durch äußere Einwirkung mechanische Störungen hervorgerufen (z.B. durch Biegung um kleinen Radius).

Ein solcher Modenmischer kann aus zwei Zylindern bestehen, um die ein K-LWL in 8-förmigen Windungen (siehe Bild 4.5) gewickelt ist. Üblicherweise wird ein Zylinderdurchmesser von 42 mm und ein Zylinderabstand von 3 mm, um die 10 Windungen gewickelt werden, benutzt. Dabei muß jedoch berücksichtigt werden, daß die Peakwellenlänge am Ausgang des Modenmischers wegen des Filtereffektes verschoben sein kann. Die Dämpfung eines solchen Modenmischers beträgt ca. 8 dB.

Um jedoch zu prüfen, wie gut dieser stationäre Zustand erreicht wird, muß eine Nah- und Fernfeldmessung durchgeführt werden. Auf diese soll hier nicht näher eingegangen werden.

Die Praxis hat gezeigt, daß es sinnvoll ist, zwei Modenmischer hintereinander zu schalten. Der prinzipielle Verlauf der optischen Dämpfung in Abhängigkeit von unterschiedlichen Anregungsbedingungen ist in Bild 4.6 dargestellt.

4.1.5 Messungen in der Praxis

Die bisherigen Betrachtungen haben gezeigt, daß die Dämpfungsmessung an K-LWL vor allem von seiner Länge und den Anregungsbedingungen abhängt. Um vergleichbare und reproduzierbare Meßergebnisse

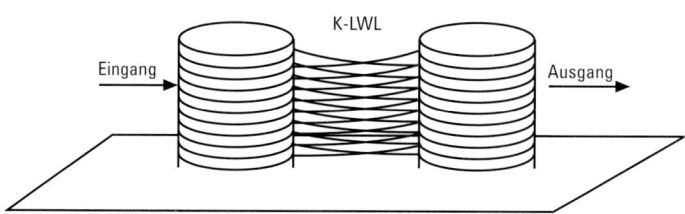

Bild 4.5 Modenmischer

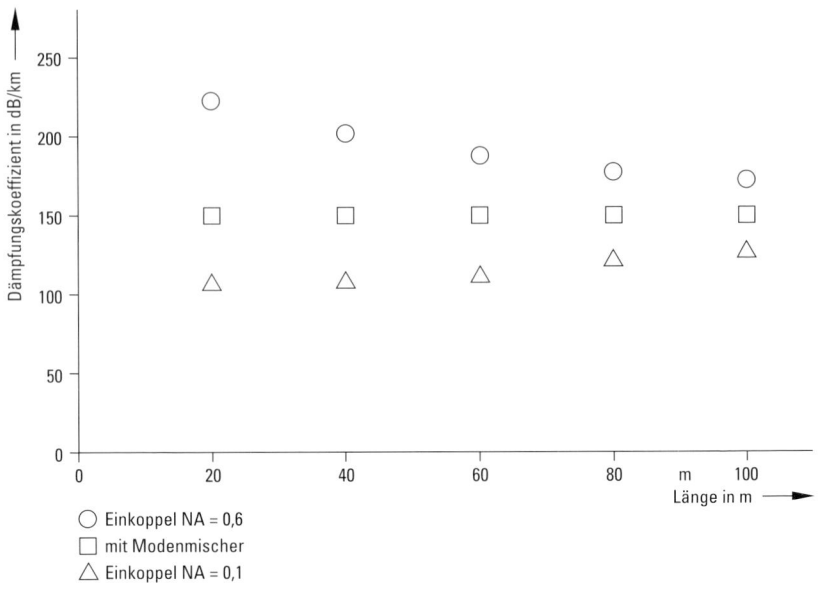

○ Einkoppel NA = 0,6
☐ mit Modenmischer
△ Einkoppel NA = 0,1

Bild 4.6   Dämpfungskoeffizient bei unterschiedlichen Anregungsbedingungen

zu erzielen, müssen diese Parameter daher exakt definiert werden. In der Praxis stellt sich diese Forderung als äußerst schwierig heraus, da die verfügbaren LED fertigungsbedingt starke Streuungen bzgl. der Peakwellenlänge aufweisen. Darüber hinaus ist die Peakwellenlänge temperaturabhängig (siehe Abschnitt 8.2.1).

Wird dennoch eine LED als Quelle verwendet, müssen folgende Parameter definiert und eingehalten werden:

▷ Peakwellenlänge der LED

▷ Halbwertsbreite der LED

▷ Umgebungstemperatur

▷ Prüfaufbau und -verfahren, insbesondere Definition der Anregungsbedingungen

▷ Länge des zu prüfenden LWL

Eine andere Möglichkeit besteht in der Verwendung einer monochromatischen Quelle als Sender (z. B. Laser, der im vorliegenden Fall näherungsweise als monochromatisch betrachtet werden kann), wodurch die Längenabhängigkeit des Dämpfungskoeffizienten entfällt. So können mit einer solchen Meßanordnung sehr große Längen (> 500 m) am Stück ge-

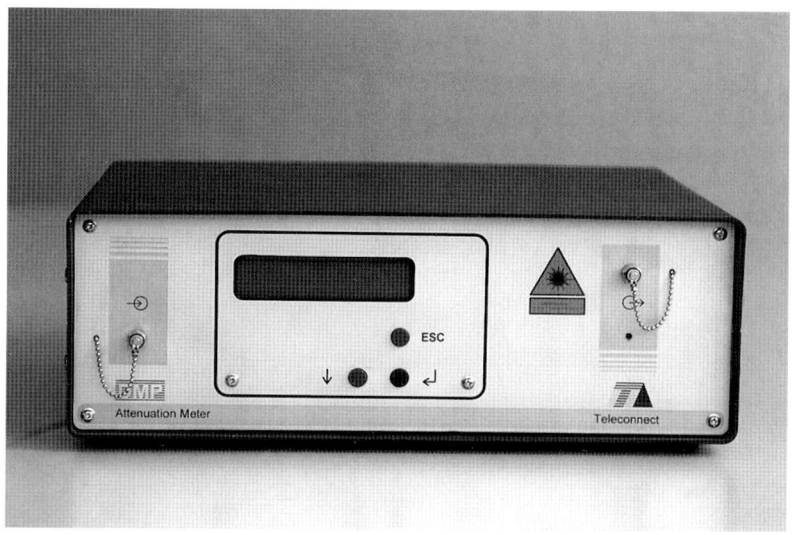

Bild 4.7
Meßsystem zur Dämpfungsmessung von K-LWL
(Werkfoto der Firma Teleconnect)

prüft werden. Dies ist insbesondere für die Hersteller von K-LWL-Fasern und -Leitungen interessant und bietet dem Anwender Sicherheit bzgl. der Qualität der optischen Dämpfung.

Bei Verwendung einer monochromatischen Quelle müssen folgende Parameter definiert werden:

▷ Peakwellenlänge und Halbwertsbreite der Quelle

▷ Prüfaufbau und -verfahren, insbesondere Definition der Anregungs-bedingungen

Die Umgebungstemperatur ist nur dann zu berücksichtigen, wenn die Peakwellenlänge der monochromatischen Quelle eine Temperaturdrift aufweist. In Bild 4.7 ist ein für diesen Zweck geeignetes Meßgerät dargestellt.

Als Sender wird ein Halbleiterlaser mit einer Peakwellenlänge von 651 nm und einer Halbwertsbreite von 1 nm verwendet. Die Peakwellen-länge muß durch eine geeignete Kühlung konstant gehalten werden. In einen K-LWL (1 mm Faser) wird eine optische Leistung von + 5 dBm eingekoppelt. Der Empfänger hat eine Empfindlichkeit von − 108 dBm. Mit diesem Meßgerät lassen sich K-LWL , je nach Qualität der Faser, mit einer Länge bis ca. 700 m sicher am Stück messen.

Bewertung der Herstellerangaben

Die Hersteller geben meistens die optische Dämpfung monochromatisch gemessen an, was nach obigen Betrachtungen auch sinnvoll ist. Als Anwender muß man beachten, daß die Sender zur Datenübertragung meistens LED sind, und die Dämpfung des K-LWL dann je nach Länge des LWL und Wellenlänge der verwendeten LED ca. 30–40% höher ist. Im speziellen Fall ist es sinnvoll, beim Hersteller zusätzliche Informationen dazu einzuholen. In jedem Falle, so hat die Praxis gezeigt, ist es ratsam, sich vom Hersteller genaue Informationen bezüglich Prüfhäufigkeit und Prüfverfahren geben zu lassen. Einige Hersteller stellen auch Prüfnachweise auf der Lieferspule oder als Protokoll zur Verfügung.

4.2 Messung der Bandbreite

Bisher existieren für die 1 mm K-LWL-Faser sehr unterschiedliche Angaben zur Bandbreite. Nach IEC 60793-2 ist eine Bandbreite von ≥ 10 MHz auf 100 m gefordert. Diese Forderung wird auch von den meisten verfügbaren Fasern erfüllt. Die jüngsten Bestrebungen, den K-LWL auch für Anwendungen mit Datenraten bis 155 Mbit/s einzusetzen, sowie die damit verbundene Entwicklung der Low NA- und der Gradientenindexfaser auf Polymerbasis, sind Anlaß, diese Eigenschaft und ihre Messung genauer zu betrachten.

Auch diese Messungen sind genau wie die Dämpfungsmessung von den Anregungsbedingungen abhängig. Messungen mit im Vergleich zur Faser kleiner *NA* (Numerischer Apertur) der Quelle bzw. des Empfängers ergeben höhere Bandbreiten als Messungen, bei der die *NA* des Anregungssytems gleich oder größer als die *NA* der Faser ist. Die nachfolgende Tabelle zeigt eine Auswahl bisher durchgeführter Bandbreitenmessungen.

Wie bereits im Kapitel 1.2.5 erläutert, wird wegen der Dispersion ein in einen LWL eingekoppelter Impuls zeitlich aufgeweitet – er wird breiter. Gleichzeitig wird dieser Impuls flacher – die Amplitude wird kleiner.

Tabelle 4.4
Bandbreite von Stufenindex-K-LWL mit unterschiedlicher NA der Faser und des Anregungssystems

NA der Faser	*NA* = 0,47	*NA* = 0,47	*NA* = 0,31
Einkoppel-*NA*	0,10	0,65	0,65
Bandbreiten-Längen-Produkt in MHz · 100 m	≈ 180*	≈ 45*	≈ 110**

*   [4.1]
** [4.2]

4.2.1 Messung im Zeitbereich (Impulsantwort)

Die Impulsverbreiterung kann man durch Vergleich gegen ein kurzes Referenzstück (etwa 2 m) messen. Dazu koppelt man zunächst einen kurzen Lichtimpuls in den zu messenden LWL und anschließend in das Referenzstück ein. Der Impuls am Ende des LWL wird verstärkt und zum Eingang des Oszilloskops geführt. Durch Integration des Eingangsimpulses $g_1(t)$ (am Referenzstück gemessen) und des Ausgangsimpulses $g_2(t)$ erhält man die effektiven Impulsdauern T_1 und T_2. Die effektive Impulsverbreiterung T_{eff} ergibt sich dann aus

$$\Delta T_{\text{eff}} = \sqrt{T_2{}^2 - T_1{}^2} \tag{4.11}$$

Die Bandbreite B ergibt sich in guter Näherung, wenn von gaußförmigen Impulsen ausgegangen wird zu:

$$B \approx \frac{0{,}375}{\Delta T_{\text{eff}}} \tag{4.12}$$

Eine genauere Bestimmung erfolgt durch Fouriertransformation der Impulse in den Frequenzbereich. Als Bandbreite des LWL wird dabei diejenige Modulationsfrequenz ω bestimmt, bei der der Betrag der Frequenzantwort $G(\omega)$ gleich 0,5 ist. Was ist darunter zu verstehen? Wir hatten eingangs gesehen, daß die Amplitude des Impulses mit zunehmender Frequenz abnimmt. Die Frequenzantwort $G(\omega)$ ist definiert als:

$$G(\omega) = \frac{P_2(\omega)}{P_1(\omega)} \tag{4.13}$$

Die Normierung erfolgt auf die Frequenzantwort bei der Modulationsfrequenz 0 Hz. Die Bandbreite entspricht dann der Modulationsfrequenz, bei der die Amplitude des Impulses auf 50%, verglichen zum Wert bei der Frequenz 0 Hz, abgefallen ist. In der logarithmischen Darstellung entspricht der Abfall um 50% einem Wert von 3 dB (siehe Formel 1.4).

Man kann also durch Messung im Zeitbereich und anschließender Fouriertransformation sowohl die Frequenz-, als auch die Impulsantwort bestimmen.

4.2.2 Messung im Frequenzbereich (Frequenzantwort)

Mit diesem Verfahren wird die Amplitude in Abhängigkeit von der Frequenz gemessen. Dabei wird mit einem Wobbelgenerator die Amplitude des Senders bei kontinuierlich steigender Frequenz ω moduliert. Am Ausgang des LWL wird die Leistung des modulierten Signals gemessen. Die Frequenzantwort wird nach Formel 4.13 bestimmt. Daraus ergibt sich, wie oben beschrieben, die Bandbreite.

5 K-LWL-Ader

5.1 Konstruktion

Die LWL-Ader ist die einfachste Konstruktion, mit der die Faser vor äußeren Einflüssen und Beschädigung geschützt werden kann. Dabei ist über der 1 mm Faser eine Schutzhülle mit einer typischen Wanddicke von 0,6 mm extrudiert (Bild 5.1).

Neben der einadrigen Simplex-Ader kann auch eine zweiadrige Duplex-Ader (siehe Bild 5.1 b) verwendet werden.

Das Kurzzeichen (in Anlehnung an DIN VDE 0888 Teil 4) ist im Folgenden am Beispiel einer mit Polyethylen (PE) umhüllten Faser dargestellt:

Kurzzeichen

I – V2Y 1P 980/1000 150A 10

I – Innenkabel

V – Vollader

2Y – Schutzhülle aus Polyethylen

1P – ein K-LWL mit Stufenindexprofil

980/1000 – Kern-/Manteldurchmesser in μm

150 – Dämpfungskoeffizient in dB/km

A – Wellenlänge 650 nm

10 – Bandbreiten-Längen-Produkt 10 MHz · 100 m

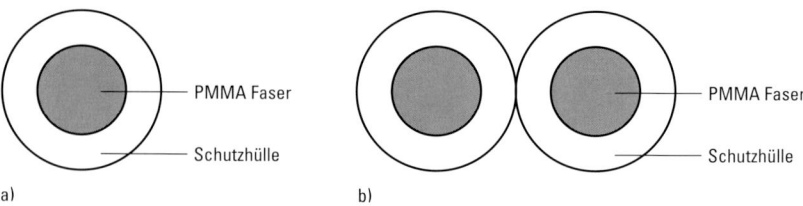

a)   PMMA Faser   Schutzhülle   b)   PMMA Faser   Schutzhülle

Bild 5.1   a) K-LWL-Simplex-Ader; b) K-LWL-Duplex-Ader

5.2 Herstellung

Die Schutzhülle wird in einem kontinuierlichen Prozeß aufgetragen. Hinter dem Abwickler ist ein Extruder angeordnet, mit dem das Material für die Schutzhülle auf die Faser übertragen wird (Bild 5.2). Die Extrusionstemperatur hängt vom jeweils verwendeten Werkstoff ab und liegt im Bereich von 160 bis 250 °C. Nach der Umhüllung wird die Ader in einem Abkühlbecken gekühlt.

Mit Hilfe einer Durchmesser-Kontrolleinrichtung hinter dem Extruder wird der Durchmesser während der Fertigung überwacht. Besondere Aufmerksamkeit muß dabei der Temperatur, dem Druck und den auftretenden Zugkräften gewidmet werden. Durch diese Parameter kann die optische Dämpfung, die geometrische Form der Faser, sowie die Orientierung der Polymere (siehe Abschnitt 3.3) beeinflußt und die Qualität der K-LWL negativ beeinträchtigt werden. Am Ende der Anlage werden die Adern entweder auf Spulen gewickelt oder in horizontal gelagerte Teller bzw. Fässer eingebracht. Da die Faser nur Zugkräfte < 5 N aufnehmen kann, müssen Auf- und Abwickler angetrieben werden, um die auftretenden Zugkräfte beim Fertigungsprozeß weitestgehend zu kompensieren. Typische Rohlängen einer solchen Ader betragen 2 bis 5 km.

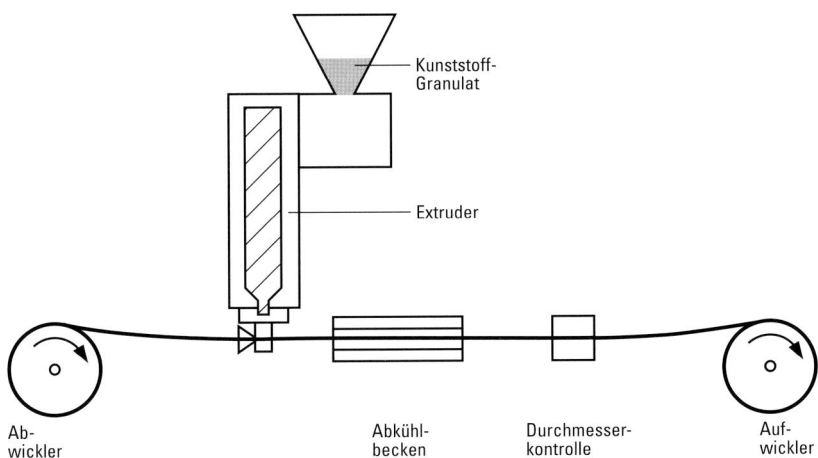

Bild 5.2 Prinzipdarstellung der Aderherstellung

Tabelle 5.1 Eigenschaften der gebräuchlichsten K-LWL-Simplex-Adern

Werkstoff der Schutzhülle	maximale Einsatztemperatur der Ader in °C	typ. Dämpfung in dB/km bei 650 nm monochromatisch	typ. Dämpfung in dB/km bei 660 nm LED; Länge: 50 m	Zugfestigkeit in N (bei Dauerbelastung)	minimaler Biegeradius in mm	Querdruckfestigkeit in N/cm	Halogenfreiheit	Flammwidrigkeit
Polyethylen (PE)	+80	150	210	5	30	10	ja	schlecht
Polyvinylchlorid (PVC)	+80	150	210	5	30	10	nein	gut
vernetztes Polyethylen (VPE)	+115	300	450	10	30	10	ja	schlecht
Polyamid (PA)	+85 °C	150	210	10	30	15	ja	schlecht
chloriertes Polyethylen (CPE)	+80	150	210	5	30	10	nein	gut
Ethylenvinylacetat Copolymer (EVA)	+80	150	210	5	30	10	ja	gut

5.3 Eigenschaften

Technische Eigenschaften

Je nach Anforderungsprofil kann für die Aderumhüllung eine Vielzahl von Kunststoffen eingesetzt werden, die letztlich die Eigenschaften der Ader maßgeblich beeinflussen. Die heute gebräuchlichsten Adern mit ihren Eigenschaften sind in der nachfolgenden Tabelle dargestellt. Die entsprechenden Prüfverfahren und Parameter für die einzelnen Eigenschaften werden in Kapitel 7 erläutert.

Die in Tabelle 5.1 angegebenen Grenzwerte der Zugfestigkeit gelten für Dauerbelastung. Bei kurzzeitiger Belastung kann der angegebene Grenzwert überschritten werden. Typische Grenzwerte für kurzzeitige Belastung liegen im Bereich von 60 N bei +23 °C, in dem die Faser nicht beschädigt und ihre Eigenschaften nicht verändert werden.

Die Angaben zum minimalen Biegeradius sind sehr unterschiedlich. Für den Anwender ist es einerseits entscheidend, welche Dämpfungszunahme bei dem jeweiligen Radius eintritt und andererseits, ab wann diese Dämpfungszunahme irreversibel ist, also eine Zerstörung der Faser auftritt. Bei dem angegebenen Radius 30 mm ist eine Dämpfungszunahme von ca. 0,1 dB zu erwarten. Dieser Radius kann kurzzeitig unterschritten werden, ohne daß dabei die Faser zerstört wird. Es tritt dabei lediglich eine Dämpfungszunahme ein, die verschwindet, sobald der Radius wieder vergrößert wird. Kurzzeitig zulässige Radien werden meist vom Hersteller in der Spezifikation angegeben.

Werden die Adern kurzzeitig durch Querdruck beansprucht, treten bei einer Belastung bis 10 N/cm keine meßbaren Dämpfungsänderungen auf. Bei größeren Belastungen stellt man reversible Dämpfungsänderungen fest. So wurde z.B. an einer PE-Ader bei einer dreiminütigen Belastung mit 195 N/cm eine Dämpfungserhöhung von 0,6 dB gemessen. Nach Rücknahme der Belastung ging die Dämpfung wieder in den Ausgangszustand zurück [5.1].

Die in Tabelle 5.1 angegebene Eigenschaft der Halogenfreiheit wird entsprechend DIN VDE 0472 Teil 813 als Korrosivität der Brandgase geprüft. Wenn neben der Halogenfreiheit auch Flammwidrigkeit im Sinne DIN VDE 0472 Teil 804 gefordert wird, müssen spezielle Werkstoffe, z.B. auf Basis von Ethylenvinylacetat, eingesetzt werden.

Darüber hinaus sei an dieser Stelle erwähnt, daß sich eine PVC-Ader recht einfach z.B. in einem Stecker verkleben läßt, wohingegen sich PE nur sehr aufwendig mit einem Zwei-Komponenten-Kleber mit anderen Stoffen verbinden läßt.

Maße

Der Außendurchmesser der 1 mm K-LWL-Faser mit Schutzhülle beträgt üblicherweise $2,20 \pm 0,07$ mm. Die Duplexader hat dementsprechend die Maße $2,2 \times 4,4$ mm (Höhe $\times$ Breite).

Kennzeichnung

Auf der Aderschutzhülle sollte neben herstellerspezifischen Bezeichnungen auch das Kurzzeichen aufgedruckt sein.

Zur farblichen Kennzeichnung der Schutzhülle gibt es bisher keine festgelegte einheitliche Regelung. Viele Anwender wünschen sehr oft eine möglichst leuchtende Farbe, z. B. rot. Eine solche Signalfarbe hat mindestens 2 Vorteile: Erstens erkennt man den K-LWL im Einsatz schneller, und zweitens wird die Vorsicht der Techniker beim Umgang mit K-LWL gesteigert. Üblicherweise sind jedoch die meisten Umhüllungen schwarz, PVC wird meist grau geliefert.

Bei der Wahl einer anderen Farbe als schwarz gilt es zu beachten, daß Fremdlicht durch die Schutzhülle der Ader eindringen kann. Dieses Fremdlicht kann die Funktion der unterschiedlich empfindlichen Empfänger stören. Berücksichtigt man dies bei der Fertigung der Schutzhülle und versieht sie z. B. mit einer Doppelschicht (die untere wird schwarz eingefärbt), können solche Störeffekte vermieden werden.

5.4 Einsatzgebiete

In Umgebungen mit geringer äußerer Beanspruchung (z. B. Schaltschrank) und bei kurzen Entfernungen wird am häufigsten eine Ader mit einem Außendurchmesser von 2,2 mm eingesetzt. Darüber hinaus wird die Ader in den im nachfolgenden Kapitel 6 beschriebenen Kabeln verwendet.

6 K-LWL-Kabel

Nachdem im Kapitel 5 Grundsätzliches zur K-LWL-Ader erläutert wurde, werden jetzt komplexer aufgebaute Kabel betrachtet, die für spezielle Einsätze geeignet sind.

6.1 Nichtverseilte Kabel

Besteht ein K-LWL-Kabel aus bis zu zwei Adern, so werden diese meist nicht verseilt. Verseilt wird erst ab einer größeren Aderzahl (mehradrige Kabel).

6.1.1 Simplexkabel

Das gebräuchlichste Simplexkabel besteht aus einer K-LWL-Ader, die von Zugentlastungselementen und einem zusätzlichen Außenmantel umgeben ist. Als Zugentlastungselemente werden spezielle Garne verwendet, die entweder um die Ader gewebt oder einfach parallel zur Ader geführt werden (siehe Bild 6.1).

Das Kurzzeichen (in Anlehnung an DIN VDE 0888 Teil 4) ist im Folgenden am Beispiel eines mit PUR (Polyurethan) ummantelten Kabels dargestellt:

Kurzzeichen

I – V11Y2Y 1P 980/1000 160A 10

I – Innenkabel

V – Vollader

11Y – PUR Außenmantel

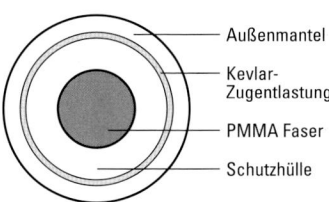

Bild 6.1   K-LWL-Simplexkabel

2Y – Schutzhülle aus Polyethylen

1P – ein K-LWL mit Stufenindexprofil

980/1000 – Kern-/Manteldurchmesser in μm

160 – Dämpfungskoeffizient in dB/km

A – Wellenlänge 650 nm

10 – Bandbreiten-Längen-Produkt 10 MHz · 100 m

6.1.2 Duplexkabel

Die einfachste Art der Duplexkabel besteht aus zwei parallel geführten Adern, in deren Zwickel Zugentlastungselemente geführt werden. Meist sind sie dann mit Kunststoffolie umwickelt, was das Absetzen des Außenmantels erleichtert (siehe Bild 6.2). Um die beiden Adern leichter unterscheiden zu können, werden sie jeweils mit einer anderen Farbe oder Bedruckung auf der Schutzhülle gekennzeichnet. Das Verwenden einer Duplexader statt zweier Simplexadern hat den Nachteil, daß hohe Zug- und Druckkräfte auf die Faser einwirken können, wenn das Kabel gebogen wird. Eine Dämpfungserhöhung ist dadurch nicht auszuschließen.

Bei einer anderen Duplexkonstruktion, dem Zwillingskabel, werden die beiden Adern einzeln mit Zugentlastungselementen und einem Außenmantel (Bild 6.3) umhüllt. Der Vorteil dieser Konstruktion besteht in der Möglichkeit, die Zugentlastungselemente bis zum Stecker zu führen und dort aufzulegen.

Das Kurzzeichen (in Anlehnung an DIN VDE 0888 Teil 4) ist im Folgenden am Beispiel eines PVC-ummantelten Zwillingskabels dargestellt:

Kurzzeichen

I – VYY 2P 980/1000 160A 10

I – Innenkabel

V – Vollader

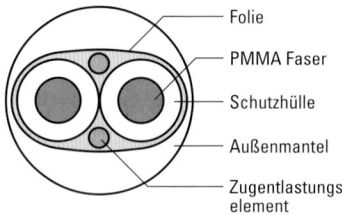

Bild 6.2   Duplexkabel

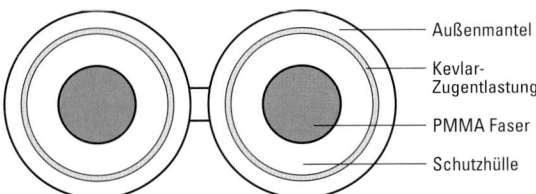

Bild 6.3 Zwillingskabel

Y – PVC Außenmantel

Y – Schutzhülle aus PVC

2P – zwei K-LWL mit Stufenindexprofil

980/1000 – Kern-/Manteldurchmesser in μm

160 – Dämpfungskoeffizient in dB/km

A – Wellenlänge 650 nm

10 – Bandbreiten-Längen-Produkt 10 MHz · 100 m

6.1.3 Herstellung

Der Außenmantel wird in einem kontinuierlichen Vorgang wie bei der Aderherstellung (Abschnitt 5.2) aufgebracht. Eine zusätzliche Einrichtung, um die Zugentlastungsgarne einzuführen, ist vor dem Außenmantelextruder angeordnet.

Auch in diesem Fertigungsprozeß kann die Temperatur, der Druck und die Zugkräfte die optische Dämpfung der K-LWL negativ beeinflussen. In der Regel ist mit einem Dämpfungskoeffizientenanstieg von 10 dB/km durch diesen Fertigungsschritt zu rechnen. Genaue Angaben werden vom Hersteller zur Verfügung gestellt.

6.1.4 Eigenschaften

Typische Eigenschaften eines Simplexkabels sowie seine Maße sind in der nachfolgenden Tabelle 6.1 zusammengefaßt.

Der Außenmantel besteht üblicherweise aus Polyurethan (PUR) oder PVC. PUR zeichnet sich insbesondere durch hohe Abriebfestigkeit und Ölbeständigkeit aus und wird daher oft für industrielle Zwecke eingesetzt.

Die in Tabelle 6.1 angegebenen Grenzwerte der Zugfestigkeit gelten für dauernde Belastung.

Tabelle 6.1 Typische Eigenschaften und Maße eines Simplexkabels

Bauart	Simplexkabel mit Zugentlastung
Außendurchmesser in mm	3,6
Einsatztemperatur in °C	−40 bis +80
typ. Dämpfung in dB/km bei 650 nm monochromatisch	160
typ. Dämpfung in dB/km bei 660 nm LED; Länge: 50 m	230
Zugfestigkeit in N (bei Dauerbelastung)	100
minimaler Biegeradius	50
Querdruckfestigkeit in N/cm	20

6.1.5 Einsatzgebiete

Überall dort, wo im Feld in Kabelkanälen oder auf Pritschen, von Maschine zu Maschine oder zwischen Schaltschränken verkabelt werden soll, sind Kabel mit Zugentlastung gefragt. Durch die höhere Zugfestigkeit und den besseren Schutz des K-LWL durch den zusätzlichen Außenmantel wird eine Beschädigung bei der Installation weitestgehend ausgeschlossen.

6.2 Verseilte Kabel

6.2.1 Konstruktion

Kabel mit mehreren K-LWL oder auch Kabel mit K-LWL und Kupferadern werden verseilt. Zusätzlich können in den Verseilverband wiederum Zugentlastungselemente integriert werden. Das Zentralelement kann ebenfalls als Zugentlastung verwendet werden. Darüber hinaus können auch Blindelemente, also Adern ohne K-LWL oder Kupfer, in den Verseilverband aufgenommen werden. Gewöhnlich werden die so verseilten Kabel zum Schutz mit Vlies oder Kunststoffolie umwickelt. Der gesamte Kabelverband mit eventueller Bewicklung wird als Kabelseele bezeichnet, die durch den Außenmantel in einem weiteren Fertigungsschritt umhüllt wird. In Bild 6.4 ist ein solcher Aufbau am Beispiel eines sogenannten Hybridkabels, eines Kabels mit K-LWL und Kupferadern, dargestellt.

Im Kurzzeichen (in Anlehnung an DIN VDE 0888 Teil 4) werden neben der Darstellung der K-LWL auch die Kupferleiter mit wichtigen Eigen-

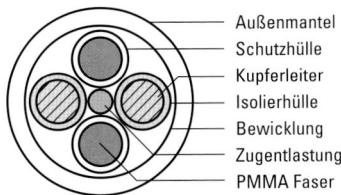

Außenmantel
Schutzhülle
Kupferleiter
Isolierhülle
Bewicklung
Zugentlastung
PMMA Faser

Bild 6.4 Hybridkabel mit 2 K-LWL und 2 Kupferadern

schaften aufgeführt (siehe Anhang). Das nachfolgende Kurzzeichen gilt für ein Hybridkabel mit drei K-LWL und drei Kupferadern:

Kurzzeichen

I – V112Y 3P980/1000 250A10+3x1FF-Cu300/500V

I – Innenkabel

V – Vollader

11Y – PUR Außenmantel

2Y – Schutzhülle aus Polyethylen

3P – drei K-LWL mit Stufenindexprofil

980/1000 – Kern-/Manteldurchmesser in μm

250 – Dämpfungskoeffizient in dB/km

A – Wellenlänge 650 nm

10 – Bandbreiten-Längen-Produkt 10 MHz $\cdot$ 100 m

3x1 – 3 Kupferadern mit einem Querschnitt von je 1 mm^2

FF-Cu – feinstdrähtiger Kupferleiter

300/500V – Nennspannung U/U_0

6.2.2 Herstellung

Während des Verseilens ist darauf zu achten, daß die Zug-, Torsions- und Druckkräfte auf die K-LWL Adern gering gehalten werden, da diese entscheidenden Einfluß auf die optische Dämpfung der K-LWL haben. Dafür sind spezielle Verseilmaschinen erforderlich. Es gibt 2 gebräuchliche Arten der Verseilung: die Verseilung mit Rückdrehung und die SZ-Verseilung. Bei der ersten werden alle Elemente in einer Richtung und mit gleichbleibendem Winkel zur Längsachse des Kabels verseilt. Die Ablaufspulen für die Verseilelemente werden dabei auf dem Umfang eines Rotors gelagert und um die Verseilachse gedreht. Der Abzug des fertigen Verseilverbandes erfolgt senkrecht zum Rotor. Die Rückdrehung erfolgt durch Drehen der Ablaufspulen in sich, entgegen der Rotordreh-

Bild 6.5   SZ-Verseilung: a) S-Drehung; b) Z-Drehung

richtung, und dient dem Abbau der Torsionsspannung, die durch den Verseilvorgang in den Verseilelementen erzeugt wird. Mit der SZ-Verseilung ist dagegen ein kontinuierlicher und somit effizienter Fertigungsprozeß möglich, da die Ablaufspulen für die Verseilelemente nicht auf einem Rotor gelagert sind. Der Rotor erfordert in jedem Fall ein Anhalten des Verseilvorganges, wenn die Ablaufspulen aufgefüllt werden müssen. Bei der SZ-Verseilung wird die Richtung der Verseilung nach einer bestimmten Umlaufanzahl geändert. Dabei beschreiben die Verseilelemente zunächst eine S-Form und nach dem Wechsel der Verseilrichtung eine Z-Form (siehe Bild 6.5).

Innerhalb des Verseilverbandes beschreibt ein einzelnes Verseilelement eine Schraubenlinie. Die Ganghöhe der Schraubenlinie nach einem vollen Umlauf von 360° wird als Schlaglänge S bezeichnet. Sogenannte hochflexible Kabel für den permanent bewegten Einsatz haben eine kürzere Schlaglänge als Kabel, die für feste Verlegung konzipiert sind.

Durch die Verseilung ist die Länge eines Verseilelementes größer, als wenn es parallel zur Längsachse wie bei den nichtverseilten Kabeln verlaufen würde. Darüber hinaus wird es im Verseilverband laufend um einen bestimmten Krümmungsradius gebogen. Beide Effekte haben Einfluß auf die optische Dämpfung der K-LWL im fertigen Kabel. Wie groß ist aber dieser Einfluß? Die Länge L eines Verseilelementes kann entsprechend Formel 6.1 berechnet werden. Unter dem Verseilradius R wird dabei die Entfernung zwischen der Achse des Kabels und der Mitte eines Verseilelementes verstanden. S bezeichnet die vorher erwähnte Schlaglänge.

$$L = S \cdot \sqrt{1 + \left(\frac{2\pi R}{S}\right)^2} \qquad (6.1)$$

Um zu ermitteln, wie lang die einzelnen Verseilelemente in einem Kabel mit vorgegebener Länge sind, verwendet man den Verseilzuschlag Z, der entsprechend Formel 6.2 berechnet wird.

$$Z = \frac{L - S}{S} \cdot 100\% = \left(\sqrt{1 + \left(\frac{2\pi R}{S}\right)^2} - 1\right) \cdot 100\% \qquad (6.2)$$

Der Dämpfungskoeffizient des gesamten Kabels nimmt gegenüber einem nichtverseilten K-LWL um dieselbe Prozentzahl wie der Verseilzuschlag zu.

Beispiel:

Für ein Hybridkabel mit 2 K-LWL und 2 Kupferadern der Länge 500 m, einer Schlaglänge $S = 60$ mm und einem Verseilradius $R = 2,16$ mm, berechnet sich der Verseilzuschlag Z wie folgt:

$$Z = \left(\sqrt{1 + \left(\frac{2\pi\,2,2}{60} \right)^2} - 1 \right) \cdot 100\% \approx 2,6\%$$

Damit ist also ein einzelnes Verseilelement um 2,6% länger als das gesamte Kabel. Bei unserem Beispiel des 500 m langen Kabels ist es um ca. 12,5 m länger.

Bei einem angenommenen Dämpfungskoeffizienten von 160 dB/km des K-LWL verursacht dieser Verseilzuschlag von 2,6% eine Erhöhung des Dämpfungskoeffizienten auf $\approx$ 164 dB/km.

Ein verseiltes K-LWL-Kabel wird also immer einen geringfügig höheren Dämpfungskoeffizienten haben als ein nichtverseiltes.

Der Krümmungsradius r der Schraubenlinie, die das Verseilelement beschreibt, kann wie folgt berechnet werden:

$$r = R \left(1 + \left(\frac{S}{2\pi R} \right)^2 \right) \tag{6.3}$$

Mit den Daten aus unserem obigen Beispiel ergibt sich ein Krümmungsradius von $r = 44,4$ mm. Dieser Krümmungsradius ist, aus mechanischer Sicht, für einen K-LWL zulässig. Einen signifikanten Einfluß auf die optische Dämpfung hat ein Radius dieser Größe nicht (siehe Abschnitt 7.3).

Einen deutlich höheren Einfluß können jedoch mechanische Beanspruchungen, wie Querdruck und Torsion, auf die Dämpfung der verseilten K-LWL haben. Im speziellen Fall gibt der Hersteller Auskunft darüber.

Nach der Verseilung wird der Verband umwickelt und mit dem Außenmantel versehen. Als Außenmantelwerkstoff werden wiederum PVC, PUR, EVA und andere, je nach Einsatzanforderung, verwendet.

6.2.3 Eigenschaften

Jedes Kabel hat aufgrund der unterschiedlichen Zusammensetzung andere Eigenschaften. Beispielhaft sind in Tabelle 6.2 wichtige Eigenschaften von zwei verschieden verseilten Kabeln aufgeführt.

Tabelle 6.2 Typische Eigenschaften und Maße von verseilten Kabeln

Kurzzeichen	I-VYY 6P980/1000 250A10	I-V11Y2Y 2P980/1000 250A10+2x1FFCu
Außendurchmesser D des Kabels in mm	9,4	7,7
Einsatztemperatur in °C	−20 bis +80	+5 bis +70
typ. Dämpfung in dB/km bei 650 nm monochromatisch	250	250
typ. Dämpfung in dB/km bei 660 nm LED; Länge 50 m	280	280
Zugfestigkeit in N	7	15
Biegeradius in mm dauernd	8 x D	8 x D
Einsatz	für feste Verlegung	für hochflexiblen Einsatz

K-LWL sind im Vergleich zu Glas-LWL unempfindlicher gegenüber Biegungen, insbesondere bei wiederholtem Biegen. So lassen sich trotz einfachen Aufbaus hochflexible Kabel herstellen, die auch für bewegte Anwendungen geeignet sind. Diese Kabel werden vom Hersteller speziell für diese Anwendungen spezifiziert (siehe Abschnitt 7.4 bis 7.6).

6.2.4 Einsatzgebiete

Mehradrige Kabel werden überall dort eingesetzt, wo Daten parallel auf mehreren K-LWL übertragen werden sollen. Oftmals verringert sich der Installationsaufwand beträchtlich, wenn anstelle von mehreren Einzelkabeln mehradrige Kabel eingesetzt werden. Hybridkabel kommen überall dort zum Einsatz, wo neben der Datenübertragung auch eine Spannung, z.B. als Versorgungsspannung für einen Meßwertaufnehmer, benötigt wird.

Kennzeichnung auf dem Außenmantel

Die Außenmantelfarbe wird durch den Hersteller frei gewählt, wobei häufig für rot entschieden wird. Doch vor allem Anwender im Bereich Maschinenbau fordern zunehmend Kabel und Leitungen farblich zu vereinheitlichen. Dabei besteht der Wunsch, Buskabel – als solche werden die K-LWL-Kabel oftmals eingesetzt – einheitlich violett zu färben, um diese nach der Installation leichter zu erkennen.

Die Beschriftung auf dem Außenmantel enthält neben herstellerspezifischen Bezeichnungen das Kurzzeichen und in vielen Fällen eine Metermarkierung.

6.3 Hinweise für die Verlegung

Bei der Verlegung von K-LWL im Feld sollten grundsätzlich Kabel mit Zugentlastungselementen, also keine Adern verwendet werden. Darüber hinaus bieten derartige Kabel durch den Außenmantel zusätzlichen Schutz gegen eine Vielzahl äußerer mechanischer Belastungen. Beim Verlegen ist vor allem darauf zu achten, daß der spezifizierte minimale Biegeradius nicht unterschritten wird, da sich sonst die Dämpfung im K-LWL erhöht. Eine Zerstörung der Faser durch zu enge Biegeradien ist dagegen unwahrscheinlich, es sei denn, das Kabel wird geknickt. Mitunter geben die Hersteller den Biegeradius für das Verlegen größer als für den Betrieb an. Das läßt sich damit erklären, daß während der Verlegung im Biegebereich auch Torsionen und Zugkräfte auftreten können, die zusätzlich auf die Faser wirken. Vorsorglich soll daher der Biegeradius während der Verlegung größer gewählt werden.

Die Kabel lassen sich mit Kabelschellen oder -bindern befestigen, wobei im Bereich der Biegung eine freie Bewegung des Kabels möglich sein soll. Die Befestigung soll vor und hinter der Biegung angebracht werden. Durch die Kabelschellen oder -binder darf das Kabel nicht gequetscht werden.

Oftmals sind die Entfernungen zwischen den zu verbindenden Geräten vor der Verlegung nicht bekannt. Die Metermarkierung auf dem Kabel hilft, nach der Verlegung die tatsächliche Länge des Kabels zu bestimmen. Dies ist zum einen für die Funktionalität des Gesamtsystems erforderlich und zum anderen sehr hilfreich für eine potentielle Fehlersuche.

Bei der Verlegung von K-LWL-Kabeln in Schleppketten (siehe Kapitel 7.5) ist insbesondere auf drall- und spannungsfreies Einlegen der Kabel zu achten. Die Kabel müssen sich in der Kette frei bewegen können. Darüber hinaus sind die vom Hersteller angegebenen Hinweise zur Verlegung in Schleppketten zu beachten.

7 Prüfverfahren

Die nachfolgenden beschriebenen Prüfungen werden, sofern keine andere Spezifikation angegeben wird, unter Standard-Umgebungsbedingungen für Prüfungen, in Übereinstimmung mit 5.3 von IEC 60068-1, durchgeführt.

7.1 Zugfestigkeit

Die Prüfung der Zugfestigkeit von K-LWL wird entsprechend DIN EN 187000, Prüfverfahren 501A und B bzw. IEC 60794-1-E1 durchgeführt. Ziel der Prüfung ist es, zum einen das Verhalten der optischen Dämpfung, zum anderen die Faserdehnung des LWL-Kabels in Abhängigkeit von der Zugkraft zu untersuchen. Daraus wird die maximal zulässige Zugkraft für das Kabel abgeleitet.

Probe

In der Regel wird eine 100 mm lange Probe des K-LWL-Kabels unter Zugspannung geprüft.

Prüfeinrichtung und Durchführung

Eine geeignete Prüfeinrichtung ist in Bild 7.1 dargestellt. Die Klemmvorrichtungen müssen so konstruiert sein, daß die Meßergebnisse nicht beeinträchtigt werden wird.

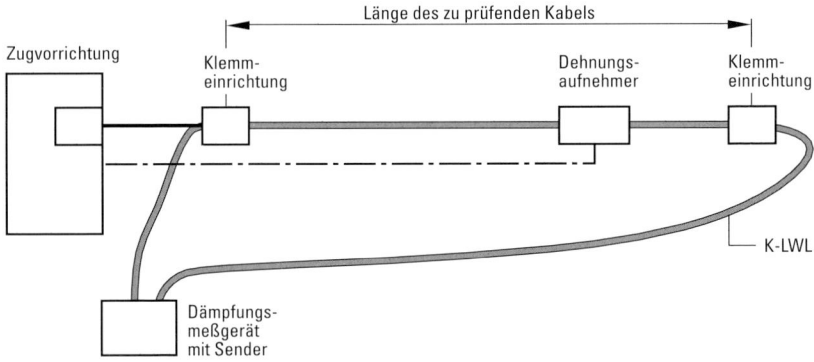

Bild 7.1   Zugprüfeinrichtung

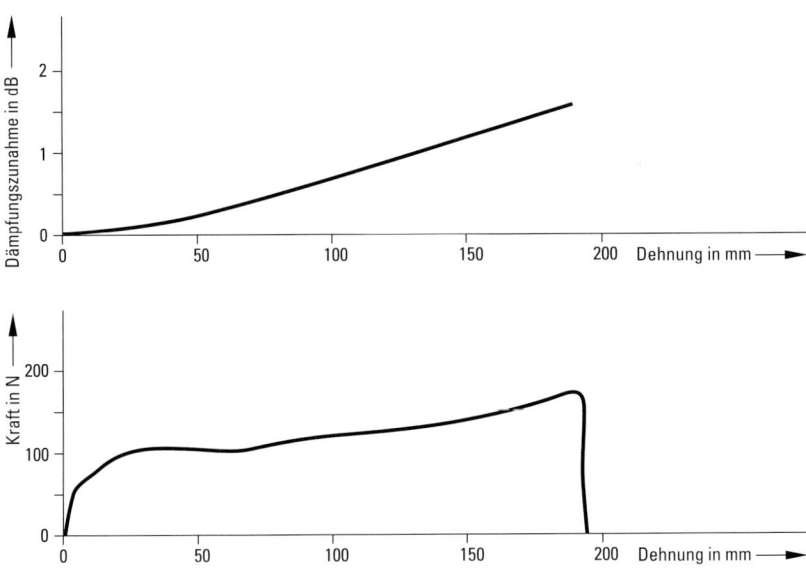

Bild 7.2
Prinzipielles Verhalten einer K-LWL-Ader mit PE-Schutzhülle bei $T = 23\,°C$;
$\lambda = 660$ nm; Zuggeschwindigkeit = 100 mm/min; Probenlänge = 100 mm

Nach dem Einspannen der Probe wird die Zugkraft kontinuierlich erhöht. Im Normalfall wird mit einer Geschwindigkeit von 100 mm/min gearbeitet. Jede Veränderung der Dämpfung und Dehnung wird aufgezeichnet.

Ergebnisse

Die Dämpfung und/oder Dehnung der Probe soll den angegebenen Wert der Bauartspezifikation nicht überschreiten. Die Dämpfungsänderung und/oder Dehnungsänderung wird als Funktion der Zugkraft dargestellt. Dabei müssen Wellenlänge, Temperatur und Geschwindigkeit während der Zugkrafterhöhung angegeben werden. Das prinzipielle Verhalten einer K-LWL-Ader ist in Bild 7.2 dargestellt.

7.2 Statische Biegung

7.2.1 Biegung um 90°

Die folgende Prüfung dient zur Bestimmung der Dämpfungszunahme, die durch eine statische Biegung um einen Winkel von 90° verursacht wird. Der Wert ist insbesondere für die Anlagenplanung und im Rahmen der Installation der Kabel von Bedeutung.

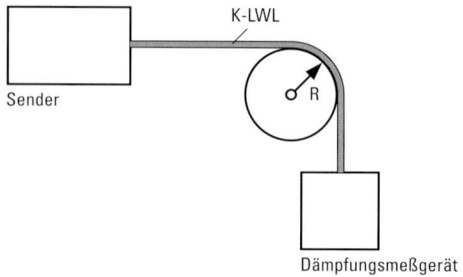

Bild 7.3   Einrichtung für die Biegeprüfung um einen Winkel von 90°

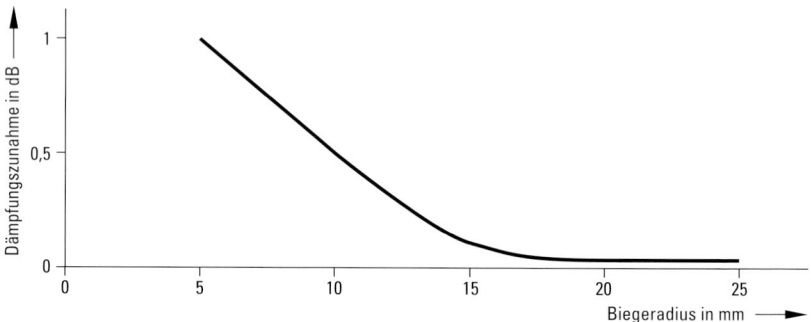

Bild 7.4
Dämpfungszunahme einer K-LWL-Ader bei einer 90°-Biegung in Abhängigkeit
vom Biegeradius

Prüfeinrichtung und Durchführung

Das Kabel wird, wie im Bild 7.3 dargestellt, um einen Prüfdorn gebogen.
Während der Biegung wird die Zunahme der Dämpfung gemessen. Das
prinzipielle Verhalten einer K-LWL-Ader, in Abhängigkeit vom Biegeradius zeigt Bild 7.4.

7.2.2 Biegung um 360°

Diese Prüfung wird in Anlehnung an DIN EN 187000, Prüfverfahren 513
bzw. IEC 60794-1-11 durchgeführt. Mit dieser Prüfung wird am K-LWL
die Dämpfungszunahme bei mehrfacher Biegung um 360° untersucht.

Prüfeinrichtung und Durchführung

Eine geeignete Prüfeinrichtung zeigt Bild 7.5. Das konfektionierte Kabel
wird nach Anschluß an Sender und Dämpfungsmeßgerät in engen Win-

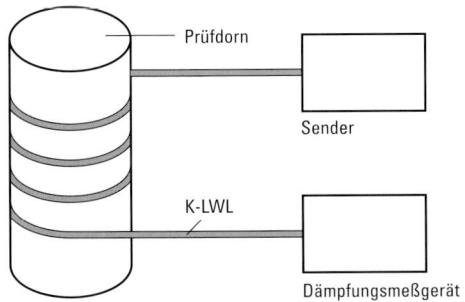

Bild 7.5 Prüfeinrichtung für eine statische Biegung um 360°

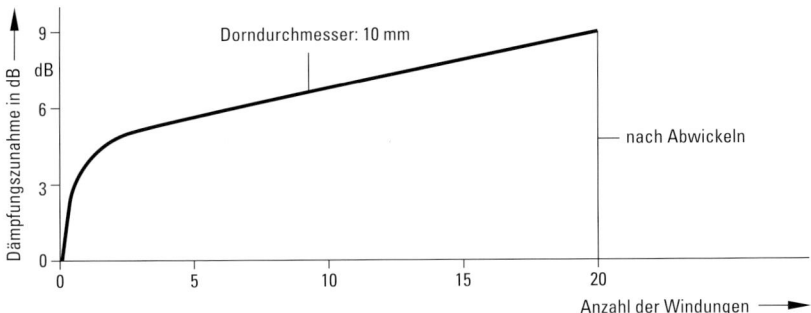

Bild 7.6
Prinzipielles Verhalten einer K-LWL-Ader bei mehrfacher Biegung um einen
Prüfdorn

dungen um den Dorn gewickelt. Die Dämpfungszunahme wird nach jeder Windung oder nach der kompletten Anzahl von Windungen protokolliert. Anschließend wird das Kabel abgewickelt, gerade ausgelegt und die Dämpfung wiederholt gemessen. Ein Zyklus besteht aus Auf- und Abwickeln. Die Anzahl der durchzuführenden Zyklen ist in der Bauartspezifikation des jeweilige Kabels festgelegt.

Ergebnisse

Die Dämpfungszunahme nach dem Aufwickeln und nach Beendigung eines Zyklus dürfen die spezifizierten Werte nicht überschreiten. Der Mantel darf keine Risse aufweisen, die mit dem bloßen Auge erkennbar sind. Ein Faserbruch darf während der Prüfung nicht auftreten.

Wie in Bild 7.6 zu sehen ist, erfolgt die Dämpfungszunahme nichtlinear zur Zahl der Wicklungen. Bei den ersten Windungen werden die meisten nicht ausbreitungsfähigen Moden ausgekoppelt. Mit zunehmender Windungszahl werden immer weniger ausbreitungsfähige Moden ausgekoppelt, was zu diesem nichtlinearen Verhalten führt.

7.3 Wiederholte Biegung

Die Prüfung wird in Anlehnung an DIN EN 187000, Prüfverfahren 507 bzw. IEC 60794-1-E6 durchgeführt und dient dazu, die Widerstandsfähigkeit des K-LWL gegen wiederholte Biegung zu untersuchen. K-LWL zeichnen sich insbesondere durch ihr sehr gutes Biegeverhalten aus. Deshalb ist diese Prüfung, wie auch die folgenden Untersuchungen zur Wechselbiegefestigkeit und zur Schleppkettentauglichkeit, von besonderem Interesse.

Prüfeinrichtung und Durchführung

Eine geeignete Prüfeinrichtung ist im Bild 7.7 dargestellt. Mit dieser Prüfeinrichtung wird die Probe um insgesamt 180°, einmal um 90° nach links und einmal um 90° nach rechts, gebogen. Ein Zyklus beginnt in der

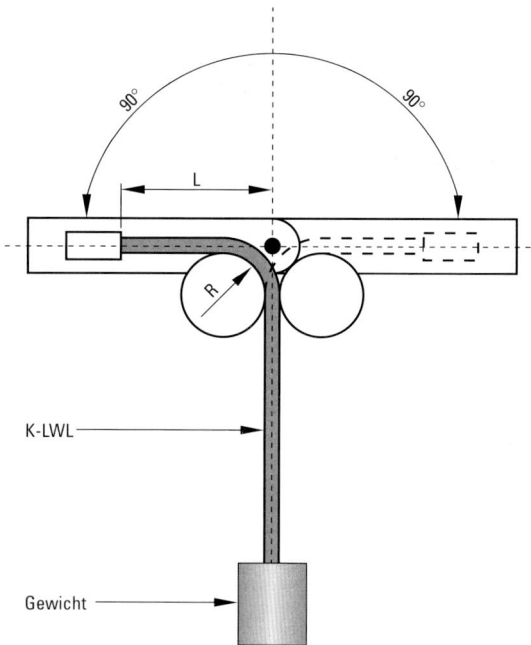

Bild 7.7   Prüfeinrichtung für wiederholte Biegung

mittleren vertikalen Position. Innerhalb von 2 Sekunden muß der K-LWL erst nach rechts, dann nach links gebogen und schließlich in die Ausgangsposition zurückgebracht werden. Während der Biegung wird die Probe einer Zugbelastung unterworfen. Im Regelfall wird bei K-LWL ein Gewicht mit einer Masse von 200 g eingehängt. Der Biegeradius beträgt bei Adern meist 40 mm, bei Kabeln meist das Zehnfache des Außendurchmessers.

Nachdem die Probe eingespannt ist, wird die geforderte Anzahl von Biegezyklen ausgeführt. K-LWL werden meist mit 50 000 Zyklen geprüft.

Ergebnisse

Während der Prüfung darf keine der K-LWL-Fasern brechen. Die Dämpfungszunahme soll unterhalb des in der Bauartspezifikation festgelegten Grenzwertes liegen. Bei einer K-LWL-Ader mit PE-Schutzhülle liegt der Wert bei den oben genannten Anforderungen (bei 660 nm) typisch unter 0,5 dB.

7.4 Wechselbiegeprüfung

Die Prüfung wird in Anlehnung an DIN EN 187000, Prüfverfahren 509 bzw. IEC 60794-1-E8 durchgeführt. Mit der Prüfung wird die Widerstandsfähigkeit eines K-LWL-Kabels gegenüber Wechselbiegungen untersucht.

Prüfeinrichtung und Durchführung

An beiden Enden des Kabels wird ein Gewicht angehängt. Das Kabel wird über jeweils eine Umlenkrolle über zwei weitere Rollen (in Bild 7.8 mit „A" und „B" bezeichnet) geführt, die auf einem beweglichen Wagen gelagert sind. Die Rollen verfügen über eine Nut, um das Kabel zu führen. Die Rückhalteklemmen sind so befestigt, daß die Zugbelastung auf das Kabel immer von dem Gewicht verursacht wird, von dem der Wagen sich wegbewegt.

Die Prüfbedingungen, wie Durchmesser der Rollen A und B, das Gewicht und die Anzahl der Zyklen, müssen der Bauartspezifikation entsprechen. Typischerweise werden bei K-LWL Gewichte mit einer Masse von 200 g und Rollendurchmesser von 40 mm gewählt. Nach dem Einspannen der Ader wird die geforderte Anzahl der Wechselbiegezyklen (bei K-LWL-Adern in der Regel 10 000) ausgeführt.

Ergebnisse

Die Dämpfungszunahme einer K-LWL-Ader mit PE-Schutzhülle liegt bei den oben genannten Anforderungen typisch unter 0,5 dB.

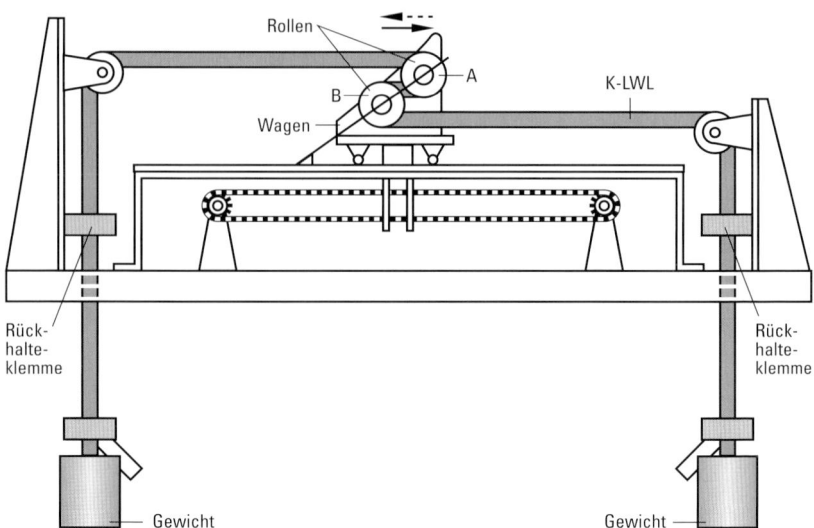

Bild 7.8   Vorrichtung für Wechselbiegeprüfung

7.5 Schleppkettenprüfung

Zunehmend werden in der Industrie sogenannte Schleppketten oder Energieführungsketten eingesetzt (siehe Bild 7.9). Derartige Ketten ermöglichen eine besonders sichere Führung von Energie- und Datenkabeln. Schleppketten werden dort eingesetzt, wo häufig bewegte Maschinenteile mit Energie und Daten zu versorgen sind.

Um die K-LWL für genau diesen Einsatz zu spezifizieren, wird die Schleppkettenprüfung durchgeführt. Die Prüfung findet dabei unter einsatznahen Bedingungen direkt in einer Schleppkette statt. Die Prüfparameter Kettenradius, Verfahrgeschwindigkeit der Kette, Verfahrweg und Beschleunigung können dabei sehr unterschiedlich sein. Je nach gewählter Größe der Parameter erzielt man unterschiedliche Ergebnisse. So können z.B. bei einer Schleppkette mit kurzem Verfahrweg und hoher Beschleunigung andere Ergebnisse als bei einer Prüfung mit geringer Beschleunigung und langem Verfahrweg erzielt werden.

Eine Vielzahl von Untersuchungen mit unterschiedlichen Parametern haben jedoch gezeigt, daß K-LWL-Adern und Kabel mit K-LWL für derartige Anwendungen sehr gut geeignet sind. So haben z.B. Untersuchungen mit einem Kettenradius von 77 mm, einem Verfahrweg von 10 m, bei einer Geschwindigkeit von 2 m/s und einer Beschleunigung von 1 m/s^2

Bild 7.9   Schleppketten im Einsatz

gezeigt, daß bei über 1 Mio. Biegungen an den K-LWL keine Dämpfungserhöhung auftritt [7.1]. Geprüft wurden sowohl PE-Adern als auch
Hybridkabel mit 2 K-LWL und 2 Kupferleitern.

7.6 Torsion

Die Prüfung wird in Anlehnung an DIN EN 187000, Prüfverfahren 508
bzw. IEC 60794-1-E7 durchgeführt. Mit der Prüfung wird die Widerstandsfähigkeit eines K-LWL-Kabels gegenüber Torsion untersucht.

Prüfeinrichtung und Durchführung

Das Kabel wird an beiden Enden mit einem Stecker konfektioniert und
in eine Prüfeinrichtung (siehe Bild 7.10) eingelegt. Die Prüfeinrichtung

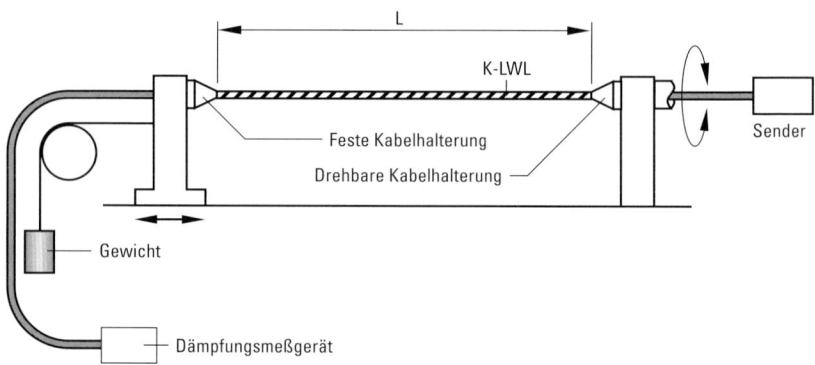

Bild 7.10 Prüfeinrichtung für Torsionsprüfung

besitzt eine feste und eine rotierende Halterung. Vor Beginn der Prüfung wird die Probe an den optischen Sender und das Dämpfungsmeßgerät angeschlossen. Ein Torsionszyklus besteht aus einer vorgegebenen Anzahl von Drehungen in eine Richtung, dem Rückdrehen in die Ausgangsposition und dem Drehen um eine vorgegebene Anzahl in die Gegenrichtung. Die Anzahl der Zyklen, die Größe des Gewichtes und die Länge der Probe sind der Bauartspezifikation zu entnehmen. Typischerweise werden K-LWL-Adern mit einer aktiven Probenlänge von 1 m bei ± 10 mal $360°$-Drehungen je Zyklus, einem Gewicht mit einer Masse von 200 g und einer Zykluszeit von 40 Sekunden geprüft.

Ergebnisse

Die Beurteilungskriterien sind ebenfalls in der Bauartspezifikation angegeben. Bei einer PE-Ader ist unter den oben genannten Bedingungen (1000 Zyklen und 23 °C) mit einer Dämpfungszunahme um 0,2 dB (bei 660 nm) zu rechnen.

7.7 Schlagfestigkeit

Die Prüfung wird in Anlehnung an DIN EN 187000, Prüfverfahren 505 bzw. IEC 60794-1-E4 durchgeführt. Mit der Prüfung wird die Schlagfestigkeit eines K-LWL-Kabels untersucht.

Prüfeinrichtung und Durchführung

Wie die Prüfeinrichtung in Bild 7.11 zeigt, wird ein Gewicht vertikal auf ein Aufschlagstück fallen gelassen, das den Schlag direkt auf das Probekabel überträgt. Die Probe liegt dabei auf einer flachen Stahlunterlage.

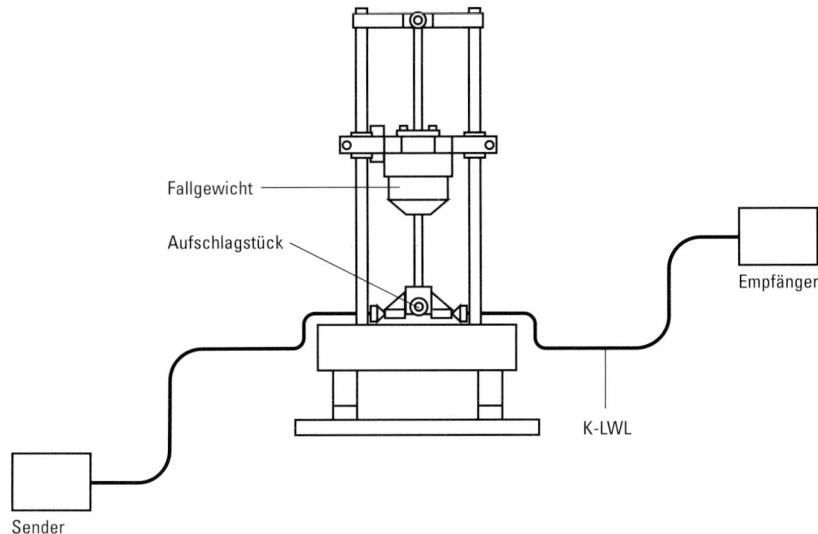

Bild 7.11   Prüfeinrichtung für Schlagprüfung

Die Prüfbedingungen wie Fallhöhe, Größe des Gewichtes und Anzahl der Schläge werden der entsprechenden Bauartspezifikation entnommen. Typischerweise werden K-LWL-Adern mit einem Fallgewicht der Masse 1 kg bei einer Fallhöhe von 20 mm geprüft.

Ergebnisse

Typischerweise ist bei einer PE-Ader bei 200 Schlägen unter den oben genannten Bedingungen mit einer Dämpfungszunahme von etwa 0,1 dB (bei 660 nm) zu rechnen.

7.8 Querdruck

Die Prüfung wird in Anlehnung an DIN EN 187000, Prüfverfahren 504 bzw. IEC 60794-1-E3 durchgeführt. Mit der Prüfung wird die Widerstandsfähigkeit eines K-LWL-Kabels gegenüber Querdruck untersucht.

Prüfeinrichtung und Durchführung

Die Prüfeinrichtung (siehe Bild 7.12) besteht aus einer festen Stahlgrundplatte und einer beweglichen Stahlplatte, auf die der Querdruck wirkt. Zwischen den beiden Platten wird die Probe angeordnet, wobei eine seitliche Bewegung verhindert werden muß. Die bewegliche Platte

73

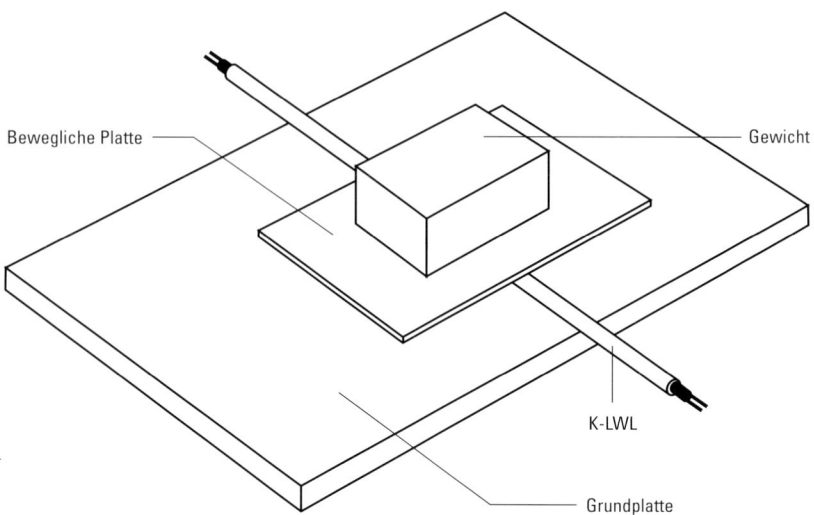

Bewegliche Platte

Gewicht

K-LWL

Grundplatte

Bild 7.12 Prüfeinrichtung für Querdruckprüfung

ist so konstruiert, daß der Querdruck gleichmäßig über eine Probenlänge von 100 mm wirkt. Der Druck muß allmählich erhöht werden. Während der Prüfung ist die Dämpfungsänderung zu protokollieren. Nach dem Aufbringen der Druckbelastung erfolgt für eine vorgegebene Zeitdauer eine belastungsfreie Periode. Ein Zyklus besteht aus einer Belastungs- mit nachfolgender Entlastungsphase. Die konkreten Prüfbedingungen sind wiederum der entsprechenden Bauartspezifikation zu entnehmen. K-LWL-Adern werden in der Regel mit 2000 N 3 Minuten lang belastet. Die Entlastungsdauer beträgt typisch 6 Minuten.

Ergebnisse

Die während der Belastung und nach Entlastung auftretenden Dämpfungsänderungen dürfen die angegebenen Grenzwerte der Bauartspezifikation nicht überschreiten. Ein typisches Verhalten einer PE-Ader ist in Bild 7.13 dargestellt.

7.9 Flammwidrigkeit und Halogenfreiheit

Um Menschen und Gebäude im Brandfall besser zu schützen, wird zunehmend gefordert, Kabel flammwidrig und halogenfrei anzufertigen. Hier sollen die Prüfverfahren vorgestellt werden, die das Verhalten der

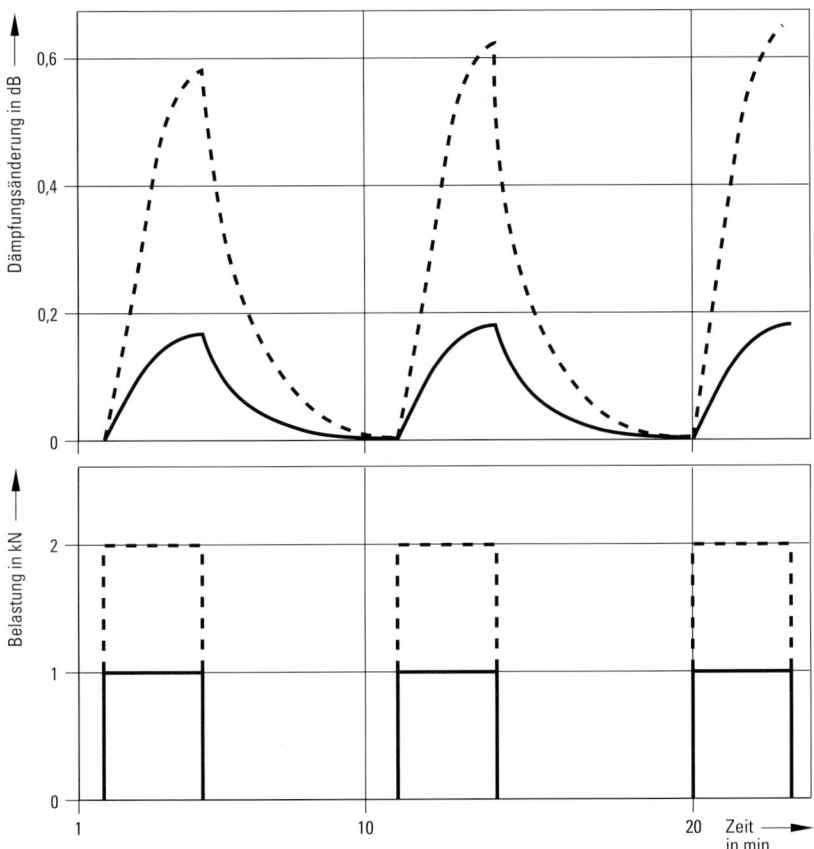

Bild 7.13
Prinzipielles Verhalten einer K-LWL-Ader mit PE-Schutzhülle bei Querdruck-
belastung

Kabel bei Flammeinwirkung untersuchen. Darüber hinaus kann die
Rauchgasmessung sowohl qualitativ als auch quantitativ im Rahmen dieser Prüfungen erfolgen. Während eines Brandes können halogenhaltige
Werkstoffe Halogene absondern, die sich mit Wasser zu ätzenden Säuren
verbinden. Deshalb strebt man zusätzlich auch die Halogenfreiheit der
Kabel an. Wenn sowohl die Flammwidrigkeit, die Rauchdichte als auch
die Halogenfreiheit für ein Kabel spezifiziert sind, kann das Kabel mit
der Bezeichnung FRNC (flame retardant non corrosive) bedruckt werden. Mitunter findet man die Bezeichnung LSOH (low smoke zero halo-
gen), die im Prinzip gleichbedeutend mit Bezeichnung FRNC ist.

Tabelle 7.1   Übersicht über wichtige Prüfungen zur Flammwidrigkeit

Norm	Anordnung der Probe(n)	Anforderung bzgl. Brennbarkeit	Anforderungen bzgl. Rauchdichte	entspricht	künftig ersetzt durch
DIN VDE 0472 Teil 804 Prüfart A	vertikal, Einzelkabel-brennprüfung	selbst-verlöschend	keine	IEC 60332-2	–
DIN VDE 0472 Teil 804 Prüfart B	vertikal, Einzelkabel-brennprüfung	selbst-verlöschend	keine	–	IEC 60332-1
DIN VDE 0472 Teil 804 Prüfart C	vertikal, Mehrkabel-brennprüfung	selbst-verlöschend	keine	–	IEC 60332-3 Cat.C
UL-1581 Par. 1160	vertikal, Mehrkabel-brennprüfung	selbst-verlöschend	keine	IEEE 383	–
UL-1581 VW1 Par. 1080	vertikal, Einzelkabel-brennprüfung	selbst-verlöschend, nicht brennend abtropfend	keine	–	–
UL 910 Steiner Tunnel	horizontal, Mehrkabel-brennprüfung	selbst-verlöschend	ja	–	–
UL 1666 Riser	vertikal, Mehrkabel-brennprüfung	selbst-verlöschend	keine	–	–

Tabelle 7.2   Prüfungen zur Halogenfreiheit

Norm	Bezeichnung	entspricht
DIN VDE 0472 Teil 815	Halogenfreiheit	–
DIN VDE 0472 Teil 813	Korrosivität von Brandgasen	IEC 60754-2
IEC 60754-1	Halogenfreiheit	–

Tabelle 7.3   Prüfungen zur Rauchdichte

Norm	Bezeichnung	entspricht
DIN VDE 0472 Teil 816	Rauchdichte	IEC 1034

Für die Prüfung der Flammwidrigeit existieren sowohl auf nationaler als auch auf internationaler Ebene eine Vielzahl von Verfahren. Tabelle 7.1 gibt einen Überblick über die wichtigsten Prüfungen.

Die Prüfverfahren zur Halogenfreiheit sind in Tabelle 7.2 und die zur Rauchdichte in Tabelle 7.3 aufgeführt.

Beispielhaft ist im Folgenden die Prüfung der Flammenwidrigkeit nach UL 1581 VW-1 beschrieben.

Prüfung der Flammwidrigkeit nach UL 1581 VW-1 Paragraph 1080

Prüfeinrichtung

Die Probe wird (siehe Bild 7.14) in die Prüfeinrichtung eingespannt. Am oberen Ende der Probe wird eine Papierfahne angebracht. Zwischen Papierfahne und Brennerflamme muß ein Abstand von 254 mm eingehalten werden.

Durchführung

Die Flammen dürfen während der Prüfung nicht bis zur Papierfahne brennen oder nicht länger als 1 Minute nach 5 Applikationen weiterbrennen. Jede Applikation dauert 15 Sekunden mit 15 Sekunden Pause. Die Baumwolle darf nicht durch abtropfendes Material entzündet werden.

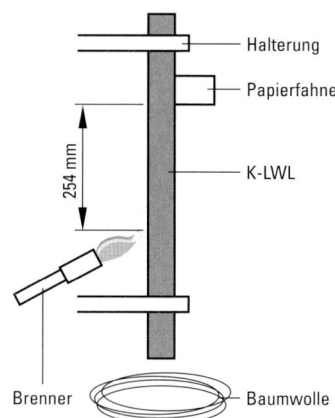

Bild 7.14
Prüfeinrichtung entsprechend
UL 1581 VW-1

8 Sende- und Empfangsbauelemente

8.1 Physikalische Grundlagen

Am Anfang der Übertragungsstrecke sind geeignete elektro-optische Wandler (Sender), die elektrische Signale in optische wandeln. Am Ende der Übertragungsstrecke erfolgt dann die entsprechende optisch-elektrische Rückwandlung (Empfänger). Die Sender und Empfänger nutzen die physikalischen Eigenschaften der Halbleitermaterialien, durch die Komponenten mit kleinen Abmessungen und einer langen Lebensdauer realisierbar werden.

Atome, Moleküle und sogenannte feste Körper (z. B. Halbleiterkristalle) können Energie in Form von elektromagnetischer Strahlung aufnehmen bzw. abgeben und auf diese Weise miteinander wechselwirken. Die grundsätzlichen Vorgänge, die diese Wechselwirkung bestimmen, sind die Emission, die Absorption und die Lichtstreuung. Sie sind eng mit der atomaren, der molekularen bzw. der Festkörperstruktur verknüpft.

Entscheidend für das Verständnis der Wechselwirkung zwischen Licht und Materie ist die Tatsache, daß die im Atom gebundenen Elektronen nur über bestimmte, diskrete Energiewerte verfügen. Die Emission oder Absorption von Licht ist mit dem Übergang eines Elektrons von einer Energiestufe zur nächst höheren (Absorption) bzw. der Erniedrigung der Energie unter Emission eines Photons verbunden. Das bedeutet, daß ein Atom nur Licht ganz bestimmter Wellenlängen absorbieren oder emittieren kann.

Sind die Atome im Molekül oder Festkörper eng miteinander gekoppelt, so führt dies zu einer Auffächerung der ursprünglich scharf definierten Energieniveaus in eine Vielzahl dicht beieinander liegender Niveaus, den Energiebändern. Wegen der großen Anzahl von Atomen im Festkörper sind die möglichen Energiewerte innerhalb eines Bandes dann quasi kontinuierlich. Analog zu den Verhältnissen beim Atom sind die Bänder durch Energielücken voneinander getrennt.

Im Valenzband befinden sich die Elektronen, die für die Bindung der Atome und der Moleküle zuständig sind. Wegen ihrer Bindungseigenschaft sind sie im wesentlichen lokalisiert, d.h. an die Atomrümpfe gebunden. Das nächst höhere Band ist das Leitungsband. Die Elektronen in diesem Band sind praktisch nicht mehr gebunden, sondern können sich mehr oder weniger frei im Festkörper bewegen. Sie bewirken die elektrische Leitfähigkeit.

Durch den Übergang von scharfen Energieniveaus zu den wesentlich breiteren Bändern wird der Spektralbereich von absorbierbaren Photonenenergien bei Festkörpern entsprechend breit. Voraussetzung für einen strahlungsreduzierenden Übergang ist jedoch, daß die Photonen eine Mindestenergie haben müssen, die größer oder gleich der Energielücke zwischen den Bändern ist. Die Energielücke beträgt für Silizium beispielsweise 1,2 eV (Elektronenvolt).

Wird ein Elektron durch Absorption des Photons vom Valenzband in das Leitungsband „angehoben", so fehlt dieses Elektron in einer Bindung zwischen den benachbarten Konstituenten des Halbleiterkristalls. Die so entstandene Fehlstelle (ein sogenanntes Loch) kann durch ein Nachbarelektron, das dabei neu entstandene Loch durch ein weiteres Nachbarelektron besetzt werden. So kann sich das Loch durch den Halbleiterkristall bewegen und verhält sich dabei wie eine frei bewegliche positive Ladung.

Durch die Absorption eines Photons in einem Halbleiter wird also immer ein Ladungsträgerpaar erzeugt, das aus einem Elektron im Leitungsband und einem Loch im Valenzband besteht. Nach einer gewissen Zeit gibt das gehobene Elektron seine Energie wieder ab, Elektron und Loch rekombinieren. Diese Rekombination kann als strahlender Übergang unter Abgabe eines Photons erfolgen oder aber auch als nicht strahlender Übergang, beispielsweise durch Abgabe der Energie an das Kristallgitter in Form von Wärme. In Bild 8.1 bzw. 8.2 werden die beschriebenen Vorgänge schematisch veranschaulicht.

Der Bandabstand E_g berechnet sich aus der Differenz der Energieniveaus des Valenzbandes E_V und des Leitungsbandes E_L:

$$E_g = E_L - E_V \qquad (8.1)$$

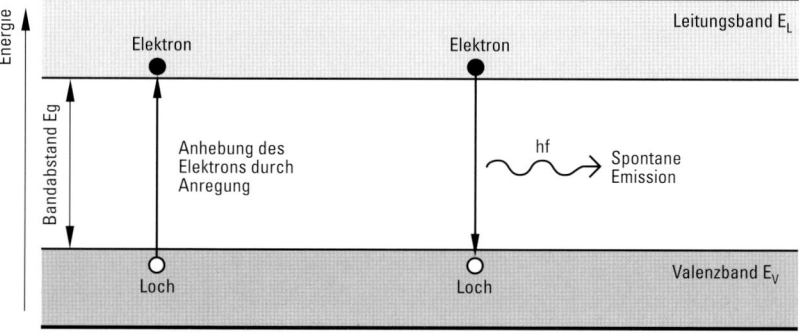

Bild 8.1 Lichtemission bei Halbleitern (Sender)

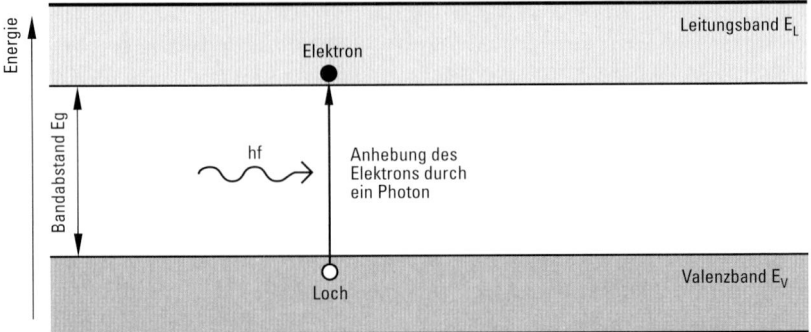

Bild 8.2   Innerer Photoeffekt (Empfänger)

Die äquivalente Photonenenergie W_{Ph} beträgt dann:

$$E_g = W_{Ph} = hf = h\frac{v}{\lambda} \tag{8.2}$$

Dabei ist h das Plancksche Wirkungsquantum, f die Frequenz, v die Phasengeschwindigkeit im Material und λ die Wellenlänge.

Neben der Energieabgabe durch spontane Emission eines Photons kann ein Elektron im Leitungsband mit einer gewissen Wahrscheinlichkeit zur Rekombination unter Emission eines Photons „stimuliert" werden. Das stimuliert abgegebene Photon stimmt dann in Energie (Wellenlänge bzw. Frequenz), Phase und Ausbreitungsrichtung des Strahlungsfeldes mit dem Photon überein, das die Emission ausgelöst hat. Die stimulierte Emission ist die Grundlage für die Funktion des Lasers (siehe Bild 8.3).

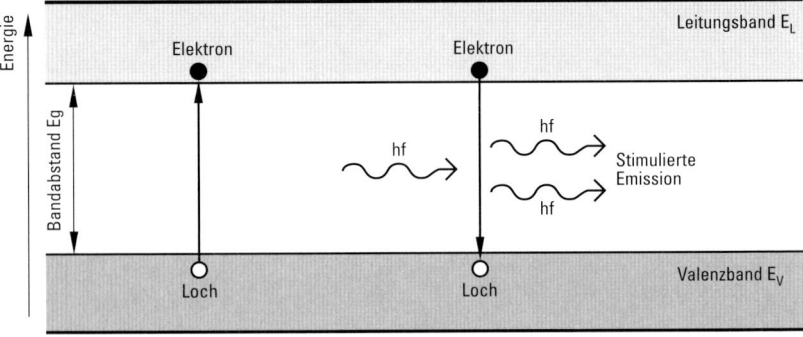

Bild 8.3   Lichtemission beim Laser

8.2 Sender

8.2.1 Grundlegende Eigenschaften

An die Sendebauelemente werden folgende Anforderungen gestellt:

▷ hohe Zuverlässigkeit

▷ hoher Wirkungsgrad

▷ Betrieb bei normalen Temperaturen

▷ hohe Ausgangsleistung

▷ kleine aktive Zone, gute Kopplung an den Lichtwellenleiter

▷ einfach und breitbandig modulierbar

▷ geringe Kosten

▷ schmale spektrale Emission

▷ gute Linearität (wichtig für Analogtechnik)

In der optischen Übertragungstechnik werden zwei Arten von Sendeelementen verwendet: die Lumineszenzdiode (LED) und die Laserdiode (LD). In Tabelle 8.1 sind die unterschiedlichen Eigenschaften und Einsatzbereiche von LED und LD aufgeführt.

Im roten Wellenlängenbereich setzt man bei den heute erhältlichen Sendedioden für die Übertragung mit K-LWL als Halbleitermaterial vorzugsweise LEDs auf Gallium-Arsenid-Phosphid-(GaAsP) und Gallium-Aluminium-Arsenid-(GaAlAs)Basis ein. Im Rahmen neuerer Entwicklungen wird Aluminium-Indium-Gallium-Phosphid (AlInGaP) eingesetzt mit einer Peakwellenlänge von 650 nm. Für Laserdioden kommt Gallium-Indium-Phosphit zum Einsatz. Im grünen Wellenlängenbereich arbeitet man auf der Basis von Gallium-Phosphit (GaP). Im Vergleich dazu verwendet man für Glas-LWL Gallium-Arsenid (GaAs), wobei die Emissionswellenlänge durch den Bandabstand mit ca. 0,9 μm festgelegt ist.

Tabelle 8.1 Eigenschaften und Einsatzbereiche von LED und LD

Lumineszenzdiode	Laserdiode
Breiter Strahl, inkohärentes Licht	Schmaler Strahl, kohärentes Licht
Einfach einzusetzen	Erfordert Regelung von Strom und Temperatur
Modulierbar bis zu mehreren 100 MHz	Modulierbar bis zu 10 GHz
Spektralbreite 30 bis 100 nm	Spektralbreite < 5 nm
Optische Leistung < 0 dBm	Optische Leistung < 27 dBm
Preisgünstig	Teuer
Linearität schlecht	Linearität gut

Die Werte zwischen 0,8 μm und 0,9 μm (1. optisches Fenster) erreicht man durch den Einsatz von Gallium-Aluminium-Arsenid (GaAlAs). Noch größere Emissionswellenlängen von 1,3 μm (2. optisches Fenster) bzw. 1,55 μm (3. optisches Fenster) werden durch den Einsatz von Gallium-Indium-Arsenid-Phosphit (GaInAsP) erreicht.

Lumineszenzdiode (LED)

Grundlage für die Funktion der Lumineszenzdiode oder der Laserdiode ist die strahlende Rekombination eines Elektrons aus dem Leitungsband mit einem Loch aus dem Valenzband. Voraussetzung für eine Lichtquelle ausreichender Intensität ist die Erzeugung einer großen Anzahl rekombinationsfähiger Elektron-Loch-Paare. Dazu lassen sich speziell die physikalischen Eigenschaften der Grenzschicht von p- bzw. n-dotiertem Halbleitermaterial nutzen.

Durch den Einbau von Fremdatomen niedriger Valenz – eines sogenannten Akzeptors – in den Halbleiterkristall (z. B. Elemente aus der III. Hauptgruppe in ein Silizium-Gitter) entsteht eine ungesättigte Bindung, die alle Eigenschaften eines Loches aufweist (p-Dotierung). Umgekehrt entsteht durch Einbau eines Fremdatoms höherer Valenz – eines sogenannten Donators (z. B. Arsen in Silizium) – ein Überschußelektron, das sich bereits bei geringer thermischer Energiezufuhr im Leitungsband aufhält (n-dotiertes Material).

Werden das p- und das n-dotierte Halbleitermaterial miteinander in Kontakt gebracht, so können Elektronen und Löcher durch die Grenzschicht diffundieren. Im p-dotierten Gebiet füllen diffundierte Elektronen ungesättigte Bindungen auf, und es kommt nahe der Grenzschicht zu einer erhöhten Konzentration negativer Raumladung. Umgekehrt nehmen Löcher, die in das n-dotierte Material diffundieren, Überschußelektronen auf, so daß nahe der Grenzschicht eine positive Raumladungszone entsteht. Die aneinandergrenzenden Zonen positiver und negativer Raumladung bilden eine Potentialbarriere, die eine weitere Diffusion von Ladungsträgern durch die Grenzschicht verhindert. Als Folge tritt in dieser Zone eine Verarmung (in Bild 8.4 als Verarmungszone bezeichnet) an freien Ladungsträgern ein.

Wird eine externe positive Spannung an den p-dotierten Bereich und eine negative Spannung an den n-dotierten Bereich angelegt, so verringert sich die Höhe der Potentialbarriere und die Breite der Verarmungszone. Dadurch können Elektronen aus dem n-dotierten Bereich in den p-dotierten Bereich, bzw. Löcher aus dem p-dotierten Bereich in den n-dotierten Bereich driften.

Auf diese Art wird durch „Injektion" von Minoritätsladungsträgern eine erhöhte Anzahl rekombinationsfähiger Elektron-Loch-Paare geschaffen. In Halbleitermaterialien, bei denen die strahlende Rekombination eine

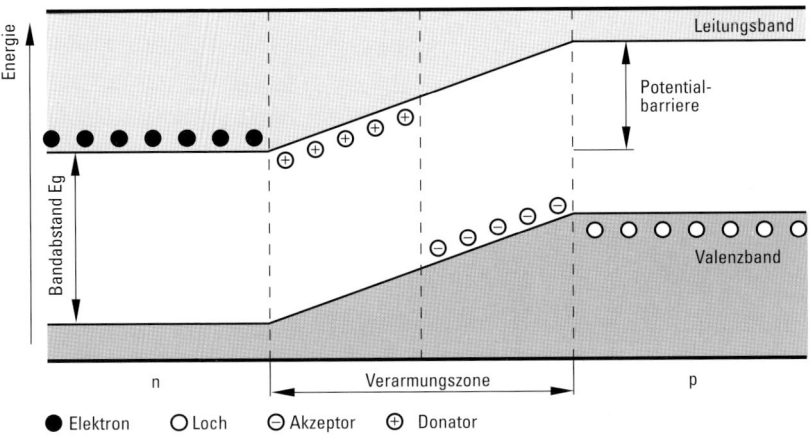

Bild 8.4 pn-Übergang einer Lumineszenzdiode ohne Vorspannung

hohe Wahrscheinlichkeit besitzt, läßt sich dieser „Rekombinationsstrom" zur Realisierung einer technischen Lichtquelle nutzen.

Die Strahlungsleistung einer LED ist nach diesen Überlegungen proportional zum Strom durch die Diode. Bei nicht zu großen Strömen ist daher eine gute Linearität zwischen abgegebener Strahlungsleistung und Durchlaßstrom zu beobachten.

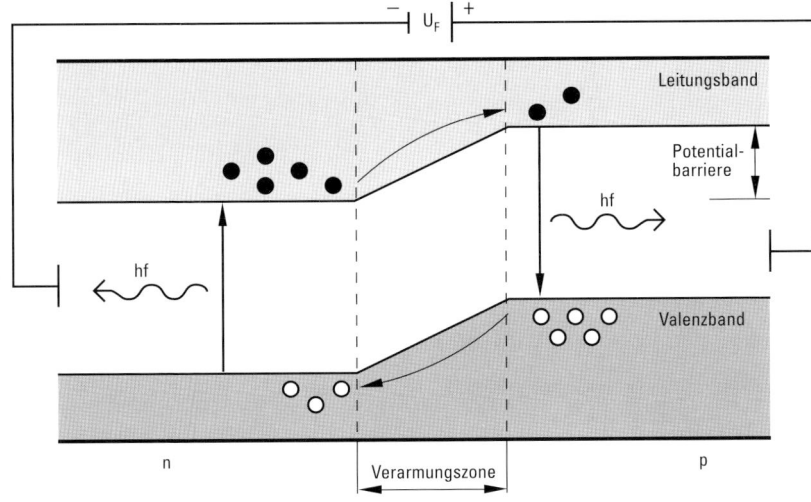

Bild 8.5 pn-Übergang einer Lumineszenzdiode mit Vorspannung

83

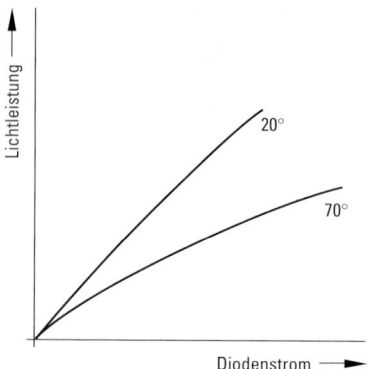

Bild 8.6 Kennlinie der Lumineszenzdiode bei verschiedenen Temperaturen

Bei einer Erhöhung der Temperatur, z. B. durch Selbsterwärmung der Diode bei höheren Steuerströmen, verringert sich die Wahrscheinlichkeit für eine strahlende Rekombination. Dies ist gleichbedeutend mit einer Verminderung der abgegebenen optischen Leistung. Aus diesem Grund sind mit zunehmender Leistung Abweichungen von der Linearität zu verzeichnen (siehe Bild 8.6).

Eine Temperaturerhöhung bewirkt nicht nur ein Absinken der Kennlinie, sondern auch eine Verschiebung des Spektrums zu größeren Wellenlängen hin (siehe Bild 8.7).

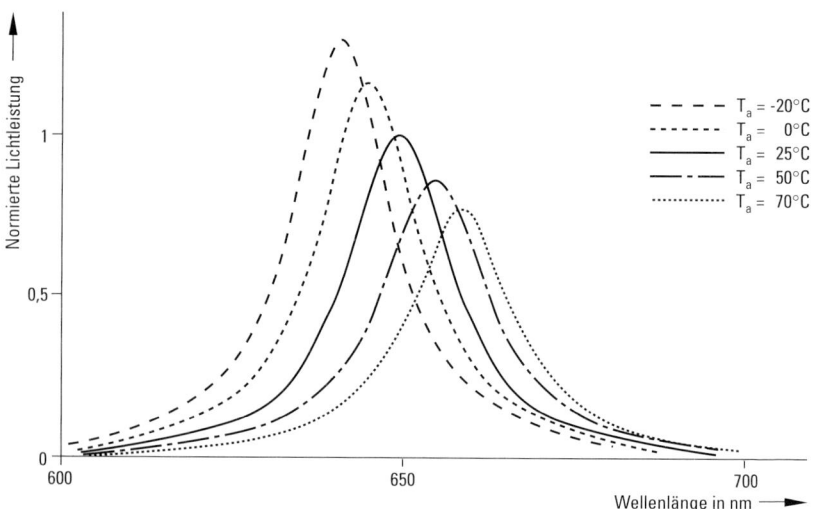

Bild 8.7 Temperaturabhängigkeit des Spektrums der Lumineszenzdiode

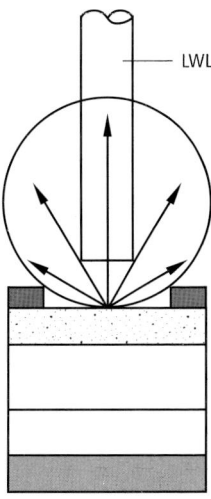

Bild 8.8
Abstrahlcharakteristik einer flächenstrahlenden LED (Lambertstrahler)

Die Wellenlänge der emittierten Strahlung hängt von der Größe der Bandlücke ab, während die spektrale Breite von mehreren Einflußfaktoren, wie der Energieverteilung der Ladungsträger, der Dotierung usw. abhängt. Typische spektrale Breiten betragen 25–40 nm FWHM (Full Width at Half Maximum) für LED mit 0,6–0,9 µm Emissionswellenlänge und 50–100 nm für Emissionswellenlängen im Bereich von 1,1–1,7 µm.

Die aktive Fläche einer LED hat eine typische Ausdehnung von 300 µm × 300 µm und strahlt ungerichtet. Bild 8.8 veranschaulicht das Abstrahlverhalten.

Durch den Sprung der Brechzahl am Übergang zur Luft tritt jedoch schon bei relativ kleinen Abstrahlwinkeln (16,1° für $n = 3,6$) Totalreflexion ein. Die Leistung, die unter größeren Winkeln von der aktiven Fläche abgestrahlt wird, kann den Halbleiterkristall nicht mehr durch die Grenzschicht Kristall-Luft verlassen, sondern unter Umständen erst nach mehreren Reflexionen an den Kanten. Dieser „Lichtleitereffekt" wird bei den Kantenemittern ausgenutzt (siehe Bild 8.9).

Die typische Ausdehnung der aktiven Fläche liegt bei 0,1 µm × 20 µm. Den Vorteilen der besseren Einkoppelbarkeit von Licht eines Kantenemitters in den LWL stehen die Nachteile einer höheren Temperaturabhängigkeit des Wellenlängenspektrums (und damit Verschiebung zu Wellenlängen höherer Dämpfung) im K-LWL gegenüber.

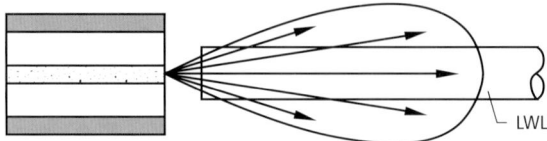

Bild 8.9 Abstrahlcharakteristik eines Kantenemitters

LEDs sind bequem zu modulieren, da die optische Ausgangsleistung näherungsweise linear vom Diodenstrom abhängt. Die erzielbare Modulationsbandbreite ist dabei prinzipiell durch die Lebensdauer der Minoritätsladungsträger begrenzt. Die Lebensdauer der Ladungsträger wiederum hängt von der Bandstruktur der Halbleiter, von der Konzentration der Dotierung, der Anzahl der injizierten Minoritätsladungsträger und der Dicke der aktiven Schicht ab. Im freien Handel sind LEDs mit Modulationsbandbreiten von 156 Mbit/s erhältlich.

Zur Erhöhung des Koppelwirkungsgrades zwischen LED und LWL führen verschiedene Maßnahmen, beispielsweise das Zwischenschalten einer Kugellinse bzw. einer Selfoc-Linse oder eine spezielle Ausbildung der Form der LED.

Laserdiode (LD)

Während bei der LED die Emission von Licht auf der spontanen Rekombination von Elektron-Loch-Paaren beruht, nutzt das Laserprinzip zusätzlich die Möglichkeit einer Lichtverstärkung durch stimulierte Emission (siehe Bild 8.3). Damit eine Verstärkung eintreten kann, muß für den betreffenden spektralen Bereich die Wahrscheinlichkeit einer Emission größer sein, als die der Absorption. Das wird durch „Pumpen" des Lasers erzielt. Der Halbleiter wird in einen besonderen Zustand versetzt, den sogenannten Inversionszustand. Dann ist die Besetzungszahldichte im oberen Energieniveau größer als im unteren. Diese sogenannte Besetzungsinversion läßt sich durch eine extreme Dotierung des n- bzw. p-Materials erzielen. Wie bei der LED wird die Lichtemission durch Injektion von Minoritätsladungsträgern erreicht.

Unter einem Laser versteht man eine Lichtquelle mit einem scharf gebündelten Strahl, einem fast monochromatischen Emissionsspektrum und einem definierten Phasenverhalten der Strahlung. Das elektromagnetische Strahlungsfeld mit solchen Eigenschaften nennt man kohärent. Man erreicht dies durch selektive optische Rückkopplung mit Hilfe eines optischen Resonators, der in Form von zwei gegenüberliegenden Spiegeln realisiert werden kann (Fabry-Perot-Resonator) (siehe Bild 8.10).

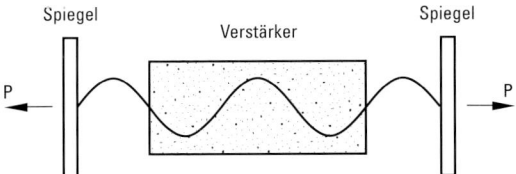

Bild 8.10   Optischer Resonator

Durch Vielfach-Reflexionen können sich im Resonator stehende Wellen für bestimmte diskrete Wellenlängen ausbilden. Beim Halbleiterlaser dienen die gespaltenen Endflächen des Kristalls als Spiegel, da an ihnen, wegen des Sprungs der Brechzahl gegenüber Luft, ca. 30% der Strahlungsleistung reflektiert werden. Ein Laserbetrieb ist dann bei denjenigen Resonanzfrequenzen des Resonators möglich (longitudinale Moden), für die die optische Verstärkung die Auskoppel- und Absorptionsverluste übersteigt (siehe Bild 8.11).

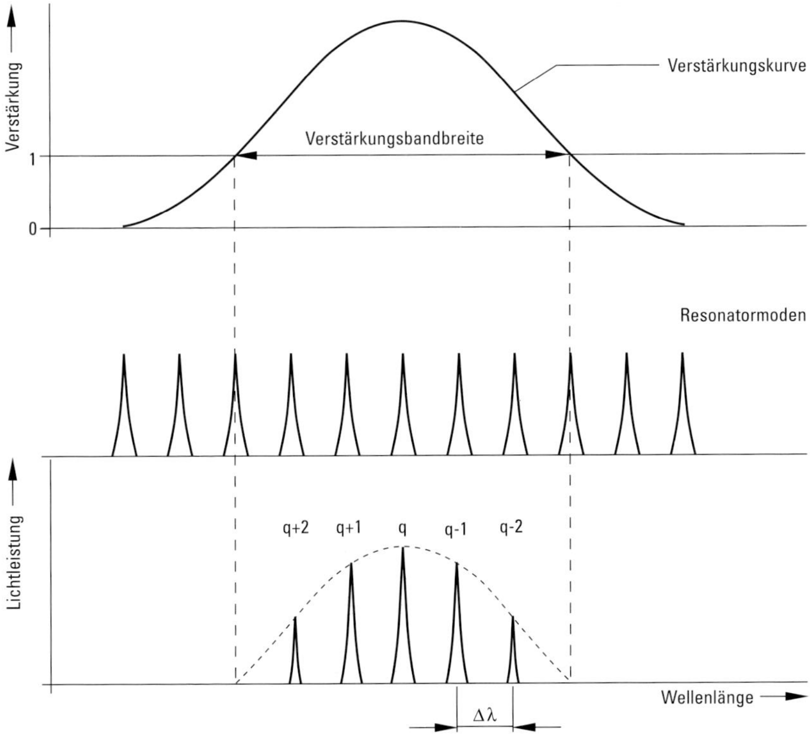

Bild 8.11   Verstärkung und Resonanzfrequenzen im optischen Verstärker

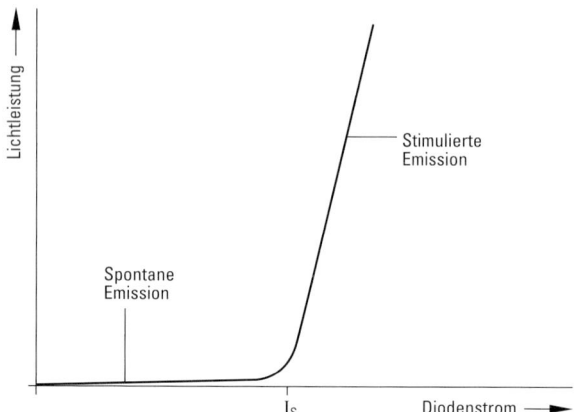

Bild 8.12   Kennlinie der idealen Laserdiode

Die Moden zeigen untereinander ein konkurrierendes Verhalten und fluktuieren zeitlich (Modenrauschen). Durch bestimmte Maßnahmen läßt sich erreichen, daß nur noch ein longitudinaler Modus unter der Verstärkungskurve liegt und verstärkt wird. Der Laser emittiert dann im Singlemode-Betrieb. Durch Begrenzung der Breite des Resonators und der aktiven Zone wird das Anschwingen mehrerer lateraler Moden vermieden.

Die ideale Laserdiode zeigt oberhalb eines charakteristischen Schwellstromes I_s, bei dem der Laserbetrieb einsetzt, eine lineare Kennlinie zwischen optischer Ausgangsleistung und Laserstrom (siehe Bild 8.12). Unterhalb der Schwelle reicht die optische Verstärkung nicht aus. Die Lichtemission erfolgt wie bei der LED aufgrund spontaner Rekombination.

Die optische Ausgangsleistung des Lasers als Funktion des Injektionsstromes hängt stark von der Temperatur ab. Die Ursache liegt in der Temperaturabhängigkeit der Ladungsträgerkonzentration in der aktiven Schicht sowie einer mit wachsender Temperatur zunehmenden Wahrscheinlichkeit für nichtstrahlende Rekombinationsprozesse. Mit steigender Temperatur erhöht sich der Schwellstrom und verringert sich die Steilheit der Kennlinie (siehe Bild 8.13).

Für die Temperaturabhängigkeit des Schwellstromes I_S gilt:

$$I_S\,(T + \Delta T\,) \approx I_S\,(T\,) \cdot \exp\,(\,\Delta T/T_0\,) \qquad (8.3)$$

Dabei ist T_0 eine materialspezifische charakteristische Temperatur. Je kleiner T_0, desto empfindlicher reagiert der Laser auf Temperaturänderungen. Typische Werte [8.1] aus dem GaAlAs-Materialsystem sind: T_0 = 120 K–230 K; für Laser aus dem InGaAsP-Materialsystem:

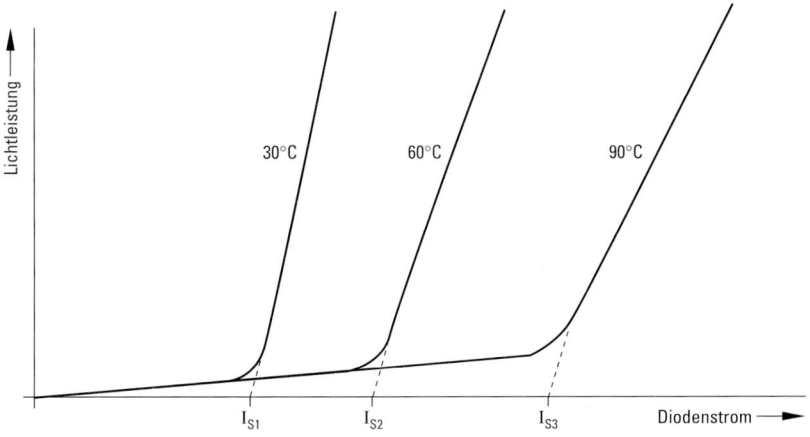

Bild 8.13 Temperaturabhängigkeit der Kennlinie der Laserdiode

$T_0 = 60\,\mathrm{K} - 80$ K. Die starke Temperaturabhängigkeit erfordert eine Über-
wachung und gegebenenfalls Regelung der Halbleitertemperatur bzw. der
abgegebenen Strahlungsleistung. Hierzu wird der Laserdiodenchip in ein
Laserdiodenmodul montiert, welches zusätzlich einen Thermistor, ein
Peltierelement und eine Monitordiode enthält. Mit Hilfe Thermistor und
Peltierelement wird die Chiptemperatur konstant gehalten. Die Monitordiode detektiert die aus dem hinteren Laserspiegel austretende Leistung
und hält diese mit Hilfe eines Regelkreises konstant. Mit zunehmender
Alterung der Laserdiode ist der Laserstrom zu erhöhen, um die Ausgangsleistung konstant zu halten.

Die Temperatur beeinflußt auch das Emissionsspektrum. Mit steigender
Temperatur verschieben sich die Einzellinien und das Verstärkungsprofil
zu höheren Wellenlängen:

$$\left.\frac{\delta\lambda}{\delta T}\right|_{\mathrm{Profil}} \approx \begin{array}{l} 0{,}24 \ \mathrm{nm/K \ bei \ GaAlAs\text{-}Lasern} \\ 0{,}30 \ \mathrm{nm/K \ bei \ InGaAsP\text{-}Lasern} \end{array} \tag{8.4}$$

$$\left.\frac{\delta\lambda}{\delta T}\right|_{\mathrm{Linie}} \approx \begin{array}{l} 0{,}12 \ \mathrm{nm/K \ bei \ GaAlAs\text{-}Lasern} \\ 0{,}08 \ \mathrm{nm/K \ bei \ InGaAsP\text{-}Lasern} \end{array}$$

Da die Verschiebung unterschiedlich stark erfolgt, kann es zu Moden-
sprüngen kommen. Wie bei der LED ist auch bei der Laserdiode die
erzielbare Bandbreite bzw. die minimale Anstiegszeit der optischen
Ausgangsleistung abhängig von der mittleren Lebensdauer der Minoritätsladungsträger. Durch den Prozeß der stimulierten Emission wird
die Lebensdauer jedoch erheblich verkürzt, so daß gegenüber der LED
wesentlich höhere Grenzfrequenzen, bis ca. 10 GHz, erreicht werden.

8.2.2 Sender für die Übertragung mit K-LWL

Mit der Entwicklung der K-LWL wurden Senderbauelemente erforderlich, die den speziellen Belangen dieser Technik genügen. So wurden und werden Sendedioden entwickelt, die bei Wellenlängen emittieren, die an die optischen Fenster (siehe Tabelle 4.1) angepaßt sind. Diese Sendedioden besitzen kleine Abmessungen und sind breitbandig modulierbar.

Lumineszenzdiode (LED)

Im 1. optischen Fenster für die K-LWL-Übertragung (blaues Licht) sind noch keine geeigneten Sender auf Halbleiterbasis für die Datenübertragung verfügbar. Für Displayanwendungen sind blaue LED erhältlich.

Grüne LED

Die geringere Dämpfung des K-LWL im 2. optischen Fenster (grünes Licht) im Vergleich zum 3. optischen Fenster (rotes Licht) macht dieses interessant, insbesondere bei größeren Übertragungslängen. Dann wird die geringere Leistung dieser Dioden durch die geringere Dämpfung ausgeglichen. Herkömmliche grüne GaP-LED erreichen Quanteneffektivitäten von nur ca. 0,1%. Das ist weniger als ein Zehntel der Quanteneffektivitäten der roten LED.

Im Laborstadium entwickelte man eine gelb-grüne LED auf der Basis der InGaAlP-Technologie mit einer Quanteneffektivität von 0,7% bei $\lambda = 573$ nm [8.2]. Ausgehend von der bekannten InGaAlP-Doppelheterostruktur wurde eine Reihe weiterer Schichten hinzugefügt, so daß eine komplizierte Struktur entstand. Diese LED hat mit FWHM = 12,5 nm ein wesentlich schmaleres Spektrum als bisher bekannte Dioden (siehe Bild 8.14). Dadurch ist das Spektrum der Diode sowohl hinsichtlich Peakwellenlänge, als auch spektraler Breite annähernd ideal an das Dämpfungsminimum angepaßt.

Das Dämpfungsminimum des K-LWL (siehe Bild 4.2) bei 568 nm ist relativ breit, so daß geringfügige Abweichungen der Peakwellenlänge unkritisch sind. Im Vergleich dazu muß die Peakwellenlänge der roten LED sehr genau bei 650 nm liegen, da das spektrale Dämpfungsminimum dort schmal ist. Hinzu kommt, daß sich die Wellenlänge bei der Herstellung der roten GaAlAs-LED mit Hilfe des Verfahrens der Flüssigphasen-Epitaxie relativ schwierig steuern läßt. Die Peakwellenlänge ist meist zu größeren Wellenlängen hin verschoben, wo die Dämpfung des K-LWL viel höher ist. Außerdem verschiebt sich die Peakwellenlänge der LED mit höheren Temperaturen zu höheren Wellenlängen (ca. 7 nm Verschiebung bei 60 K Temperaturänderung). Dadurch wird die effektiv gemessene Dämpfung im roten Spektralbereich größer (siehe Tabelle 4.3).

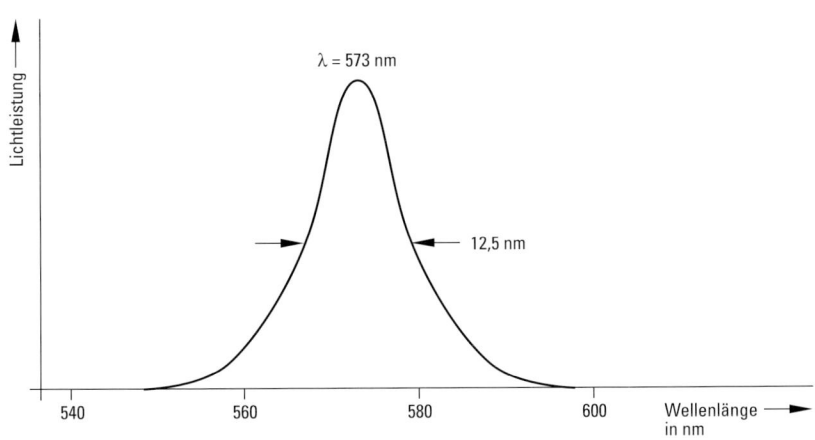

Bild 8.14   Emissionsspektrum der grünen LED bei einem Vorstrom von 20 mA

In [8.3] wurde beschrieben, daß mit der oben angegebenen Diode eine Datenrate von 10 Mbit/s NRZ (*No Return* to Zero) erzielt wurde. Die in den K-LWL eingekoppelte Leistung betrug $-17,5$ dBm bei $I = 100$ mA. Das entspricht einer mittleren Leistung von $-20,5$ dBm. Setzt man eine Empfängerempfindlichkeit von $-32,5$ dBm voraus, beträgt das verfügbare Budget 12 dB. Unter Berücksichtigung einer Systemreserve von 3 dB und einer mittleren Dämpfung des K-LWL von 70 dB/km erhält man eine Übertragungslänge von mehr als 100 m. Eine Weiterentwicklung der grünen LED ist in naher Zukunft durchaus möglich, so daß die mittlere eingekoppelte Leistung -10 dBm bei $I = 50$ mA betragen wird. Dann werden Übertragungslängen von mehr als 200 m realistisch.

Rote LED

Trotz der Erfolge bei der Entwicklung grüner LED und der geringeren Dämpfung des K-LWL in diesem Wellenlängenbereich, liegt der Schwerpunkt der Entwicklungsarbeiten im roten Wellenlängenbereich. Gründe hierfür sind die höheren erzielbaren Datenraten und die höheren Leistungen. Typische Parameter kommerziell verfügbarer roter LED wurden in Tabelle 8.2 zusammengestellt.

Interessant ist der Einsatz von speziell selektierten LED ($\lambda \sim 660$ nm), die in Sperrichtung betrieben auch als Photodetektor stabil arbeiten können und sich damit für einen „Ping-Pong"-Betrieb besonders eignen.

Weiterentwicklungen haben insbesondere die Erhöhung der Ausgangsleistung, die Erhöhung des Koppelwirkungsgrades bei Einkopplung in den K-LWL und die Erhöhung der Bandbreite zum Ziel.

Tabelle 8.2 Typische Parameter kommerziell verfügbarer roter LED

Eigenschaft	Technische Daten
Ausgangsleistung	−3 dBm
Peakwellenlänge	650 nm ... 670 nm
Halbwertsbreite	20 nm ... 30 nm
Temperaturkoeffizient der Ausgangsleistung	−0,02 dB/K ... −0,04 dB/K
Temperaturkoeffizient der Peakwellenlänge	0,12 nm/K
Temperaturbereich	0 °C ... 70 °C

Maßnahmen zur Erhöhung des Koppelwirkungsgrades wurden in [8.4] beschrieben. Zwar besitzt der K-LWL eine hohe Numerische Apertur und einen großen Kerndurchmesser, dennoch gibt es Verluste bei Einkopplung von Licht einer LED, da diese breit strahlen (Lambertstrahler). Eine Verdopplung des Koppelwirkungsgrades ist gleichzusetzen mit einer Verdopplung der Ausgangsleistung der LED. Um die Ausgangsleistung zu verdoppeln, ist ein beträchtlicher technologischer Aufwand erforderlich.

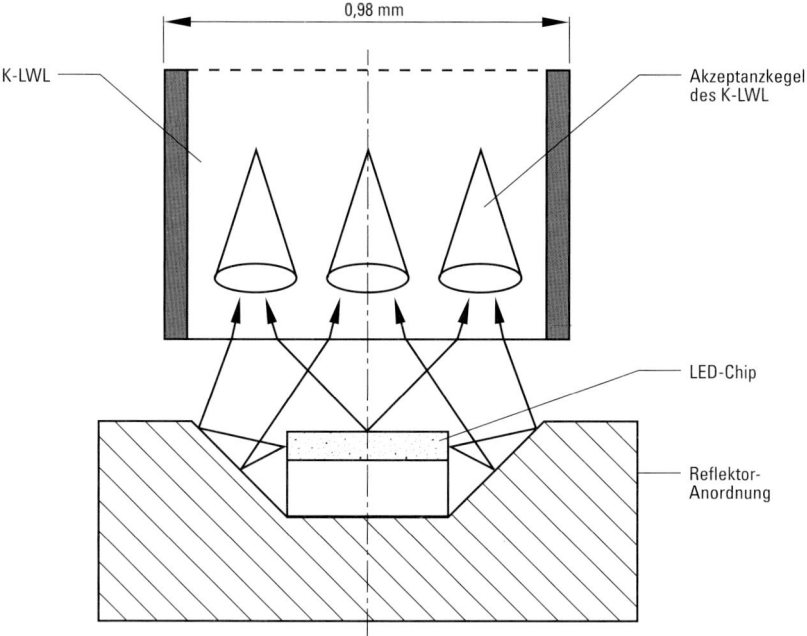

Bild 8.15 LED-Reflektoranordnung

Deshalb sind Maßnahmen zur Erhöhung des Koppelwirkungsgrades stets lohnenswert.

Zur Lösung der Koppelprobleme wurde eine Reflektor-Anordnung entwickelt, die Strahlen mit zu großem Neigungswinkel gegen die optische Achse in Strahlen mit geringerem Neigungswinkel wandelt, die dann innerhalb der Numerischen Apertur des K-LWL liegen (Bild 8.15). Mit einer derartigen Anordnung wurde eine Verdopplung des Koppelwirkungsgrades erzielt.

Ein konventioneller K-LWL (Kerndurchmesser 0,98 mm, Numerische Apertur 0,5, Stufenindexprofil) begrenzt infolge Modendispersion das Bandbreiten-Längen-Produkt auf ca. 45 MHz · 100 m. Zur Reduktion der Modendispersion wird die Numerische Apertur des K-LWL verringert. Dies erfordert jedoch auch eine Verringerung der Numerischen Apertur der Quelle. In [8.5] wurde eine optimierte Struktur eingesetzt, um eine geringere Numerische Apertur der LED zu erzielen. Bild 8.16 zeigt diese Ring-LED mit doppelter Ring-Elektrodenstruktur.

Der ringförmige obere Kontakt ist notwendig, um einen Emissionspeak im Zentrum dieser Struktur zu erhalten. Das Licht wird nur von der Oberfläche der LED emittiert. Eine angegossene Kunststofflinse bewirkt eine Verringerung der Strahldivergenz von 70° auf 10°.

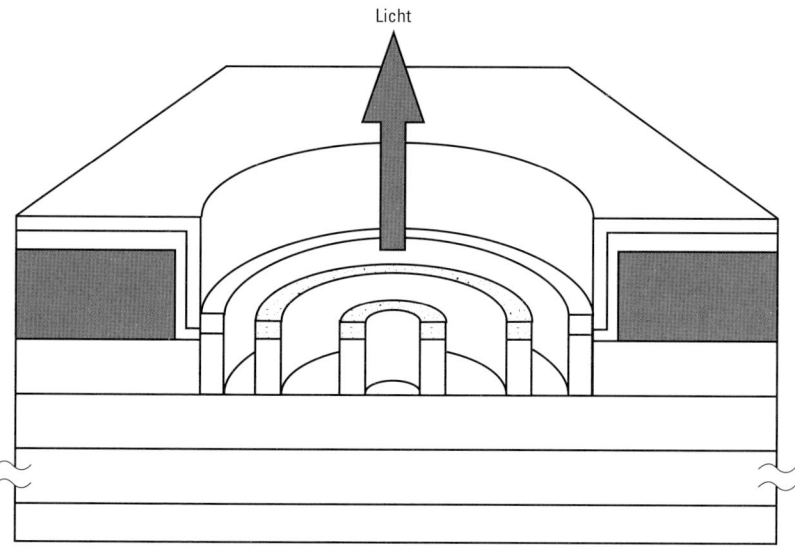

Bild 8.16   Ring-LED (Schnittbild)

Tabelle 8.3 Eigenschaften grüner Laserdioden

Lasertyp	HeNe-Laser	frequenzverdoppelter Nd: YAG-Laser
Laserwellenlänge / nm	543	532
Leistung / dBm	−3 … 3	5 … 20
Faserdämpfung bei o. g. Wellenlänge in dB/km	119	92
Preis	hoch	extrem hoch bei hohen Leistungen

Laserdiode (LD)

Grüne LD

Grüne Halbleiter-Laserdioden sind derzeit nicht im Handel erhältlich. Laserdioden, die nicht auf Halbleiterbasis arbeiten, kommen für die optische Nachrichtenübertragung aufgrund des hohen Preises, des großen Volumens und der schlechten Modulierbarkeit nicht in Betracht. Denkbar wäre lediglich ein Einsatz für die Dämpfungsmessung sehr großer Längen von K-LWL beispielsweise im Produktionsprozeß. Jedoch liegen die verfügbaren Laserwellenlängen nicht im Dämpfungsminimum des K-LWL. Diese Wellenlängen sind physikalisch bedingt fest und unveränderbar. In Tabelle 8.3 wurden einige Eigenschaften grüner Laserdioden zusammengestellt.

Rote LD

Typische Parameter kommerziell verfügbarer roter Laserdioden wurden in Tabelle 8.4 zusammengestellt. Die höheren Leistungen beziehen sich auf die höheren Wellenlängen, so daß – zumindest bei größeren Übertragungslängen – die erhöhte Faserdämpfung in diesem Bereich nicht kompensiert werden kann.

Weiterentwicklungen betreffen vor allem die Erhöhung der Leistung und Bandbreite: Mit der Entwicklung von Gradientenindex-K-LWL reduziert sich die Modendispersion stark, so daß diese nicht mehr der begrenzende Faktor für die Bandbreite im Übertragungssystem ist. Dadurch wird es

Tabelle 8.4 Eigenschaften verfügbarer roter Laserdioden

Eigenschaften	Technische Daten
Ausgangsleistung	5 dBm … 27 dBm
Peakwellenlänge	650 nm … 690 nm
Halbwertsbreite	< 1 nm
Schwellstrom	35 mA … 2000 mA

sinnvoll, die Modulationsgeschwindigkeit des Lasers zu erhöhen. In [8.6] berichtete man über eine Hochgeschwindigkeits-Laserdiode, die mit 4 GHz und 14 mW nahe 650 nm arbeitet. Dies ist eine modifizierte Version des kantenemittierenden roten Lasers, der für CD-ROM-Systeme entwickelt wurde. Dabei handelt es sich um einen AlGaInP MQW-Laser (MQW: Multiple Quantum Well) mit einer Resonatorlänge von 300 μm. Die vordere bzw. hintere Resonatorfläche wurde mit einer 30%- bzw. 95%-reflektierenden Beschichtung versehen. Bei einer Temperatur von 25 °C erzielte man einen Schwellstrom von 24 mA, eine Kennlinien-Steilheit von 0,6 W/A und eine Arbeitswellenlänge von 647 nm. Mit Hilfe einer GRIN-Linse (Gradientenindex) erfolgte eine Einkopplung in den K-LWL. Dabei wurden Koppeleffektivitäten von ca. 25% erzielt.

Die bisher diskutierten Lasertypen sind Kantenemitter: Der Resonator ist in der Ebene der den Laser aufbauenden Halbleiterschichten (senkrecht zur Stromflußrichtung) angeordnet. Das Licht verläßt den Halbleiter aus einer Seitenfläche. Die Vorteile dieser Struktur – insbesondere für den Laserbetrieb – wurden oben erläutert.

Dennoch wurden auch Laser entwickelt, bei denen die Strahlung senkrecht zur Schichtenstruktur (in Stromflußrichtung) durch eine der Deckflächen hindurch ausgekoppelt wird. Laser dieses Typs sind oberflächenemittierende Laser (*Vertical Cavity Surface Emitting Laser*, VCSEL). Sie benötigen oberhalb wie unterhalb der aktiven Zone Reflektoren, damit sich vertikal zur Schichtenstruktur ein Resonator ausbilden kann. Diese Laser wurden ursprünglich für die Übertragung mit 850 nm über Glas-LWL entwickelt. In [8.7] wurde ein solcher Laser für den roten Wellenlängenbereich modifiziert. Die Vorteile der VCSEL-Technologie im Vergleich zur LED sind folgende:

▷ Geringe Strahldivergenz (~ 10°) und kreisförmiges Strahlprofil, höhere Koppeleffektivitäten, Verzicht auf Einkoppeloptiken

▷ Höhere Modulationsraten (> 2,5 Gbit/s)

▷ Geringe Treiberströme (typisch 10 mA), geringer Leistungsverbrauch im Treiberkreis, Reduktion der Wärmebildung im Modul, Verbesserung der Zuverlässigkeit und des Temperaturverhaltens

▷ Geringe spektrale Linienbreite (< 1 nm); damit wird eine geringere Faserdämpfung erzielt

Derzeit arbeiten die VCSEL bei 670 nm und sind dem Dämpfungsminimum des K-LWL nicht angepaßt. Die Dämpfung beträgt bei dieser Wellenlänge ca. 300 dB/km. Zum Vergleich beträgt der Dämpfungswert bei 650 nm ca. 130 dB/km für K-LWL. Die derzeitigen Entwicklungsarbeiten konzentrieren sich darauf, die Emissionswellenlänge nach 650 nm zu verschieben und die vorausgesagte geringe Temperaturabhängigkeit auch in der Praxis zu erzielen. Berechnet man die Dämpfungswerte, die man bei Ausmessung von 100 m K-LWL mit drei verschiedenen Sendern

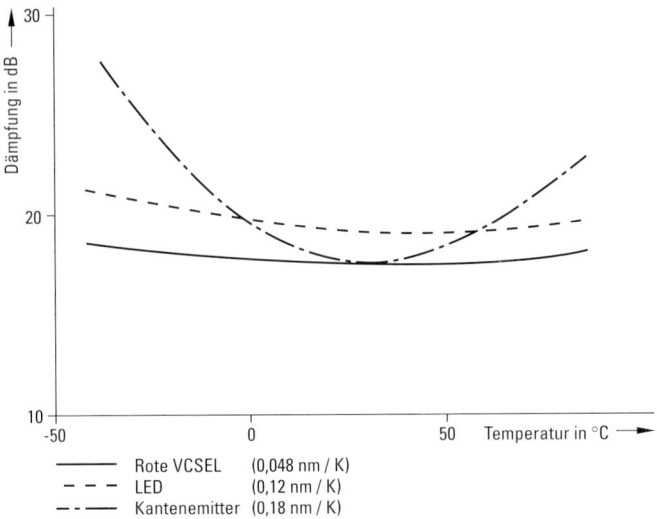

Rote VCSEL (0,048 nm / K)
LED (0,12 nm / K)
Kantenemitter (0,18 nm / K)

Bild 8.17 Dämpfung von 100 m K-LWL bei Messung mit drei verschiedenen Sendern als Funktion der Temperatur

erhält, ergeben sich die Abhängigkeiten entsprechend Bild 8.17. Das Dämpfungsminimum des K-LWL beträgt bei 650 nm 180 dB/km. Somit arbeiten die drei Sender bei Raumtemperatur im Dämpfungsminimum. Die Überlegenheit des VCSEL ist deutlich ersichtlich.

Derzeit sind die VCSEL für kurze, aber hochbitratige Übertragungs-strecken geeignet. So wurde eine Übertragung über 30 m mit einem Stufenindex-K-LWL mit 531 Mbit/s und mit einem Gradientenindex-K-LWL mit 1062,5 Mbit/s realisiert.

Durch eine Matrixanordnung von 2 × 2 VCSEL im Abstand von 150 µm wurde es möglich, die vierfache Leistung in den K-LWL einzukoppeln. Mit einer solchen Anordnung wächst die Zuverlässigkeit der Übertra-gung durch Erhöhung der Redundanz.

8.3 Empfänger

8.3.1 Grundlegende Eigenschaften

Die Empfängerbauelemente müssen gekennzeichnet sein durch:

▷ große Bandbreite

▷ kompakte und leichte Bauweise

▷ geringes Rauschen

▷ hohe Empfindlichkeit

▷ hohe Linearität

Die prinzipielle Wirkungsweise der Photodioden beruht auf dem inneren Photoeffekt, der bereits in Abschnitt 8.1 und Bild 8.2 erläutert wurde: Durch Absorption eines Photons mit einer Energie, die größer als der Bandabstand des Halbleitermaterials ist, wird ein Elektron-Loch-Paar erzeugt. Gelingt es, das Paar durch ein elektrisches Feld zu trennen, bevor Elektron und Loch wieder rekombinieren, entsteht eine meßbare Ladungsträgerkonzentration, die proportional zur Anzahl der auftreffenden Photonen ist. Bei einer Photodiode wird zur Trennung der Paare das elektrische Feld ausgenutzt, das durch Raumladungen im Bereich der Verarmungszone zwischen p- und n-dotiertem Halbleitermaterial erzeugt wird. Dabei werden die freigesetzten Elektronen zur n-dotierten Schicht und die Löcher zur p-dotierten Schicht beschleunigt. Dies führt zu einer Anhäufung positiver Ladungen im Valenzband der p-dotierten Schicht und negativer Ladungen im Leitungsband der n-dotierten Schicht. Werden beide Schichten durch einen Stromkreis miteinander verbunden, so fließen Elektronen von der n-dotierten zur p-dotierten Schicht (also in „Sperrichtung" der Diode), wo sie mit überschüssigen Löchern rekombinieren.

Verschiedene Halbleitermaterialien besitzen unterschiedliche Empfindlichkeiten für Licht einer bestimmten Wellenlänge. Diese Empfindlichkeit wird als spektrale Empfindlichkeit bezeichnet und gibt die erzeugte Stromstärke bezogen auf die optische Leistung an. Die Einheit für diese Größe ist Ampere/Watt (A/W). Für Wellenlängen unter 900 nm wird

Tabelle 8.5 Absolute Empfindlichkeit heute realisierter Empfänger

	Silizium Si	Germanium Ge	In Ga As
$\lambda = \ \ \ 520$ nm 1. opt. Fenster K-LWL	0,25	–	–
$\lambda = \ \ \ 570$ nm 2. opt. Fenster K-LWL	0,3	–	–
$\lambda = \ \ \ 650$ nm 3. opt. Fenster K-LWL	0,4	–	–
$\lambda = \ \ \ 850$ nm 1. opt. Fenster Glas-LWL	0,55	0,3	0,2
$\lambda = 1300$ nm 2. opt. Fenster Glas-LWL	–	0,65	0,9
$\lambda = 1550$ nm 3. opt. Fenster Glas-LWL	–	0,9	0,95

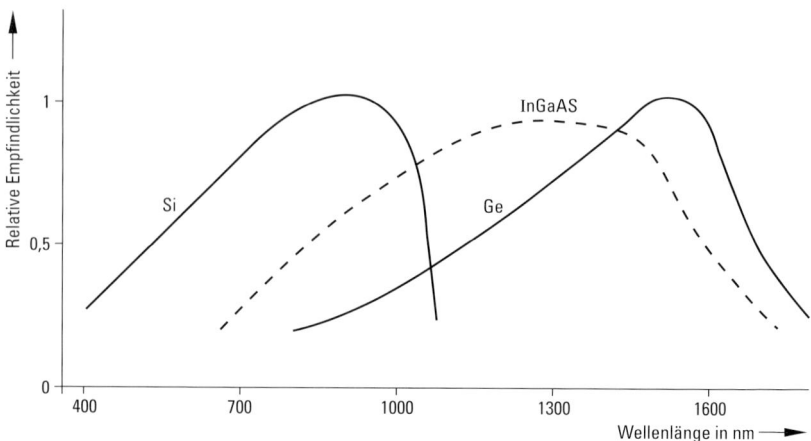

Bild 8.18   Relative spektrale Empfindlichkeit in Abhängigkeit von der Wellenlänge verschiedener Detektormaterialien

hauptsächlich Silizium eingesetzt, das preiswert und in großer Menge zur Verfügung steht. Bei größeren Wellenlängen kommen beispielsweise Germanium oder InGaAs zum Einsatz.

In Bild 8.18 wird die relative Empfindlichkeit in Abhängigkeit von der Wellenlänge für verschiedene Detektormaterialien dargestellt.

In Tabelle 8.5 werden einige absolute Empfindlichkeiten, die heute realisierbar sind, angegeben.

Arten von Empfangselementen

Man unterscheidet zwei Arten von Empfangselementen, die für die optische Übertragung genutzt werden:

▷ PIN-Photodiode: Darunter versteht man einen Aufbau, bei dem zwischen p- und n- leitender Halbleiterschicht eine i-Zone (intrinsic) aus nicht dotiertem Halbleitermaterial angeordnet ist. Durch dieses Konzept läßt sich die Absorptionszone vergrößern. Die PIN-Photodiode weist einen sehr linearen Zusammenhang zwischen der einfallenden Strahlung und dem erzeugten Photostrom auf. Sie eignet sich sowohl für analoge, als auch für digitale Anwendungen. Die erforderlichen Spannungen sind relativ niedrig.

▷ Lawinen-Photodiode oder Avalanche-Photodiode (APD): Diese ermöglicht eine interne Verstärkung des Photostroms. Aus einem einzeln ankommenden Lichtquant wird durch Stoßionisation eine Lawine von Ladungsträgern erzeugt. Lawinen-Photodioden haben eine sehr hohe Empfindlichkeit, benötigen allerdings eine hohe und sehr gut stabilisierte Betriebsspannung.

Tabelle 8.6 Typische Parameter verfügbarer Photodioden

Eigenschaften	Technische Daten
Empfindlichkeit	0,18 A/W … 0,7 A/W
minimal detektierbare Leistung bei Datenraten <10 Mbit/s	−30 dBm
Anstiegszeit (10% … 90%)	1 ns … 10 ns

8.3.2 Empfänger für die Übertragung mit K-LWL

Wie aus Bild 8.18 ersichtlich, kommen für die Übertragung mit K-LWL nur Dioden auf Siliziumbasis in Betracht. Die Empfindlichkeit fällt nach geringeren Wellenlängen hin ab und liegt im grünen Wellenlängenbereich ($\lambda \sim 568\,\text{nm}$) bei 0,3 A/W und im roten Wellenlängenbereich ($\lambda \sim 650\,\text{nm}$) bei 0,4 A/W. Generell sind Photodioden, die für die optische Übertragung mit Glas-LWL entwickelt wurden, auch im K-LWL-Bereich einsetzbar, ohne spezielle Materialsystementwicklungen wie bei den Sendeelementen vornehmen zu müssen. Die Empfängerempfindlichkeit ist lediglich 1 dB − 2,5 dB geringer als bei 850 nm. Dies ist wenig im Vergleich zu den relativ hohen Dämpfungswerten des K-LWL. Typische Parameter kommerziell verfügbarer Photodioden sind in Tabelle 8.6 zusammengestellt.

Durch den Einsatz von Gradientenindex-K-LWL sind nicht nur hochbitratige Sender, sondern auch breitbandige Empfänger erforderlich. Die Diffusion der Ladungsträger in einer pn-Struktur ist ein sehr langsamer Vorgang. Über eine geraume Zeit gelangen immer noch Ladungsträger aus den Diffusionsgebieten zum Rand. Durch diese Nachzügler klingt der Photostrom nur langsam ab und die Demodulationsbandbreite ist entsprechend gering. Abhilfe schafft eine PIN-Struktur: Zwischen hochdotiertem p- und n-leitendem Gebiet liegt eine intrinsische (i-leitende) Zone. Die Bezeichnung PIN beschreibt also die Schichtenfolge. PIN-Dioden werden mit negativer Vorspannung und mit Lastwiderstand betrieben.

So wurde in [8.8] ein Detektor beschrieben, der ein 4 Gbit/s-Signal verarbeitet. Diese PIN-Photodiode mit einer 90 μm-Mesastruktur wurde als Hochgeschwindigkeitsdetektor realisiert. Die Mesa-Bauweise zielt darauf ab, die wirksame Fläche des pn-Übergangs zu reduzieren und somit die Sperrschichtkapazität zu verringern. Die erzielte Kapazität bei 10 V Vorspannung beträgt einschließlich der Gehäusekapazität 0,87 pF, wodurch eine Verarbeitungsgeschwindigkeit von mehr als 4 GHz möglich wird.

Um die Photodiode für eine Übertragung mit einem Gradientenindex-K-LWL nutzbar zu machen, muß der 90 μm-Empfängerdurchmesser auf einige 100 μm vergrößert werden. Diese besonderen Anforderungen an die Größe des Detektors bestehen nur bei Übertragung mit K-LWL.

In [8.9] wurde ein Empfänger mit einer Silizium-PIN-Diode und einer aktiven Fläche von 400 μm Durchmesser beschrieben. Die Photodiode wurde mit Hilfe einer GRIN-Linse an den Gradientenindex-K-LWL angekoppelt. Mit Hilfe eines PIN-FET-Empfängers (PIN-Diode mit nachgeschaltetem Feldeffekt-Transistor) wurde eine Empfängerempfindlichkeit von $-16,9$ dBm bei einer Bandbreite von 2,5 Gbit/s und einer Bitfehlerrate von 10^{-9} erzielt.

9 Anschlußsysteme

Mit Hilfe von geeigneten Anschlußsystemen wird die K-LWL-Faser an die im Kapitel 8 beschriebenen Sende- und Empfangsbauelemente angekoppelt.

9.1 Übersicht

Ziel bei der Entwicklung der heute gängigen Anschlußsysteme für K-LWL war es, das System in seiner Gesamtheit kostengünstig zu gestalten. Dies betrifft sowohl das Gehäuse für Sende- und Empfangsbauelemente sowie den Stecker, wie auch das Verfahren, mit dem der LWL im Stecker befestigt und wie die Faserstirnfläche verarbeitet wird. Wegen des großen Faserkerndurchmessers sind aufwendige Präzisionsbauelemente wie in der Glasfaserverbindungstechnik nicht erforderlich.

Da aus der Glas-LWL-Technik bereits eine Reihe standardisierter und weit verbreiteter Stecksysteme bekannt waren, wurden neben der Entwicklung herstellerspezifischer Systeme auch solche „Standardsysteme" für K-LWL angepaßt. Diese „Standardsysteme" haben den Vorteil, daß der Anwender herstellerunabhängig ist.

Prinzipiell kann zwischen zwei verschiedenen Anschlußsysteme unterschieden werden: dem System ohne Stecker und dem System mit Stecker, im weiteren als Stecksystem bezeichnet.

9.2 Systeme ohne Stecker

Bei diesen Systemen wird die K-LWL-Ader ohne einen Stecker in das aktive Bauelement eingesetzt. Man spart dabei das Konfektionieren des Steckers sowie den Stecker selbst. Die saubere Präparation der Faserendfläche hingegen muß dennoch vorgenommen werden.

Ein Beispiel für eine solche Klemmverbindung ist die SFH-Baureihe von Siemens, bei der die K-LWL-Ader durch Verschrauben mittels einer Überwurfmutter lösbar am aktiven Bauelement befestigt wird (siehe Bild 9.1). Der besondere Vorteil dieses Systems liegt darin, daß die 0,6 mm dicke Schutzumhüllung über der Faser nicht abgemantelt werden

Bild 9.1 Gehäuse der SFH-Baureihe

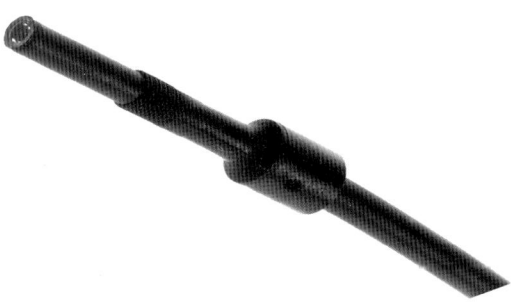

Bild 9.2 Faserendhülse
für Hot-Plate-Konfektio-
nierung

muß. Das gesamte Bauteil besteht aus Kunststoff und ist zur direkten Leiterplattenmontage geeignet. Die Bearbeitung der Faserstirnfläche erfolgt entweder durch Schneiden oder Schleifen und Polieren.

Um die Hot-Plate-Technik (siehe Abschnitt 10.4) zur Präparation der Endflächen der Faser einzusetzen, kann eine geeignete Endhülse (siehe Bild 9.2) verwendet werden.

9.3 Stecksysteme

Stecksysteme sind durch einen Stecker gekennzeichnet, der am Ende des K-LWL angebracht wird. Dieser wird als leicht lösbare Verbindung in das entsprechende Gegenstück des aktiven Bauelementes gesteckt. Die Bilder 9.3 bis 9.6 zeigen verschiedene Stecksysteme.

Tabelle 9.1 zeigt die Stecksysteme, die derzeit am weitesten verbreitet sind.

Tabelle 9.1 Eigenschaften der verbreitetsten Stecksysteme

Bezeichnung	Standard	Anschlußtechnik der K-LWL-Ader	Verbindungstechnik zwischen Steckerkörper und aktiver Komponente	Stecker mit Aufnahme für Zugentlastug
FSMA	in Anlehnung an IEC 874-2	Klemmen oder Crimpen	Schrauben	verfügbar
BFOC	in Anlehnung an IEC 874-10	Crimpen	Bajonet	verfügbar
Versatile Link[1]	herstellerspezifisch	Klemmen oder Crimpen	Snap In	z. Zt. nicht verfügbar
F05	JIS C 5974	Klemmen	Snap In	z. Zt. nicht verfügbar
F07	JIS C 5976	Klemmen	Snap In	z. Zt. nicht verfügbar

[1] Handelsname der Fa. Hewlett Packard

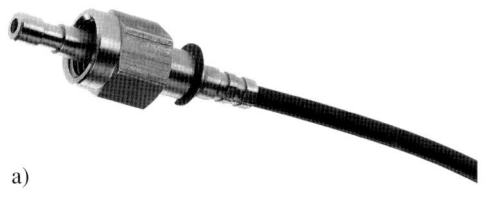

a)

b)

Bild 9.3
FSMA Stecker: a) FSMA-Stecker; K-LWL gecrimpt; b) FSMA-Stecker; K-LWL geklemmt

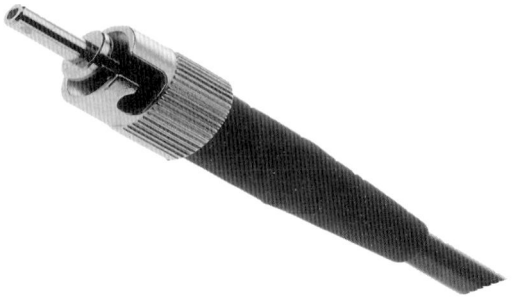

Bild 9.4   BFOC-Stecker; K-LWL gecrimpt

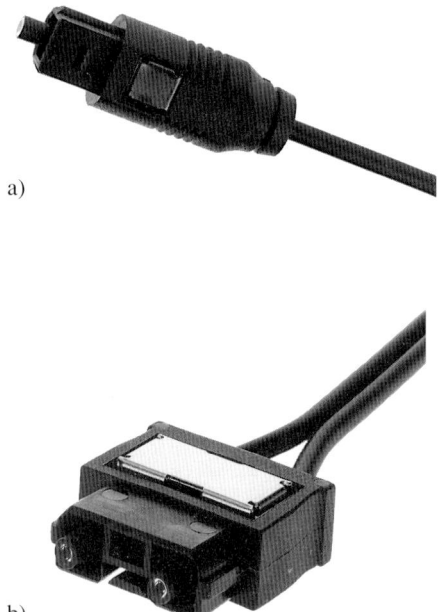

a)

b)

Bild 9.5
a) F05 Simplexstecker; K-LWL geklemmt; b) F07 Duplexstecker;
K-LWL geklemmt

Für alle genannten Systeme sind Simplexsteckcr, daß heißt Stecker zum Anschluß einer einzelnen Ader, erhältlich. Darüber hinaus sind bei einigen Systemen (F07, Versatile Link) Duplexausführungen erhältlich. Diese sind für den Anschluß von zwei Adern in einem Steckergrundkörper konzipiert, was insbesondere bei der häufig angewandten bidirektionalen Datenübertragung von Vorteil ist. Bei allen Stecksystemen sind die in Kapitel 10 genannten Verfahren zur Stirnflächenbearbeitung prinzipiell möglich.

Stecker und K-LWL-Ader werden entweder durch Crimpung oder durch Klemmen der Ader mit dem Stecker verbunden. Zur Durchführung der Crimptechnik wird in jedem Fall eine spezielle Crimpzange benötigt. Bei

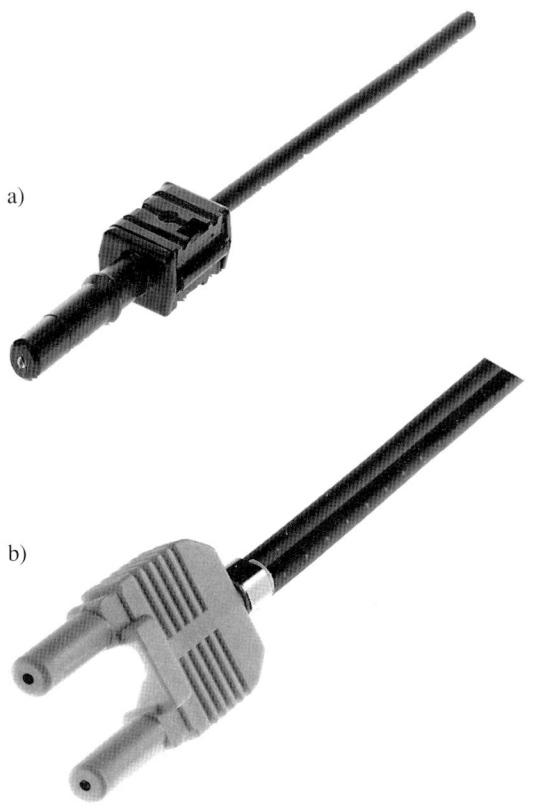

a)

b)

Bild 9.6
a) Versatile Link Simplexstecker; K-LWL geklemmt; b) Versatile Link Duplexstecker; K-LWL gecrimpt

den Steckern, die durch Klemmen die Ader fassen, ist kein zusätzliches Spezialwerkzeug erforderlich, was insbesondere bei der Konfektionierung im Feld von Vorteil ist.

Eine Zugentlastung des Kabels am Stecker ist oftmals bei Industrieanwendungen von Interesse. Die Praxis hat gezeigt, daß es meistens ausreicht, ein LWL-Kabel mit Zugentlastungselementen einzusetzen ohne die Zugentlastung auf den Stecker aufzulegen. Die größten Beanspruchungen durch Zugkräfte entstehen offensichtlich beim Verlegen der Leitung. Nach der Installation reicht meist die Zugfestigkeit der einfachen Ader mit ca. 5 N aus, wodurch eine Zugentlastung auf einem speziellen Stecker nicht erforderlich ist. Die Entscheidung darüber muß jedoch im konkreten Einsatzfall getroffen werden. Eine Übersicht über heute angebotene Stecker, bei welchen die Zugentlastung der Leitung aufgelegt werden kann, ist in Tabelle 9.1 enthalten.

Zu Beginn der Entwicklung standen Anwender der Industrie den Steckern aus Kunststoff sehr skeptisch gegenüber. Diese anfängliche Skepsis hat sich aber inzwischen durch die positiven Erfahrungen im Einsatz als unbegründet erwiesen.

9.4 Kupplungen

Kupplungen sind passive Komponenten zur Verbindung von zwei LWL. Sie werden einerseits bei Reparaturen verwendet, können aber auch andererseits bewußt in ein Übertragungssystem eingebaut werden, wenn die LWL-Strecke leicht trennbar sein soll. Für die meisten in Abschnitt 9.2 und 9.3 genannten Systeme gibt es Kupplungen.

9.5 Sonderbauformen

Aktive Stecker

Beim aktiven Stecker liegt die Idee zugrunde, daß nach außen nur elektrische Kontakte verwendet werden. Die aktiven Bauelemente zur elektrisch-optischen Wandlung sowie die Ankoppelstelle der Faser an diese liegen also innerhalb des Steckers. Diese Systeme sind besonders robust, da die Gefahr des Verschmutzens der Faserstirnflächen erheblich eingeschränkt wird. Darüber hinaus finden sie beim Anwender sehr schnell Akzeptanz, da die Technik mit äußeren elektrischen Kontakten bereits bekannt ist.

Hybridstecker

Hybridstecker weisen neben den optischen Kontakten auch elektrische Kontakte auf. Meist werden derartige Stecker dann eingesetzt, wenn neben der Datenübertragung auch eine Betriebsspannung übertragen werden soll. Der Vorteil der galvanischen Trennung durch den LWL geht dabei allerdings verloren. Dort wo diese Trennung jedoch nicht erforderlich ist, erweisen sich diese Stecker auf Grund ihrer kompakten Bauweise als sinnvoll. Die Hybridstecker gibt es in verschiedensten Bauformen, sowohl als passive als auch als aktive Stecker.

Auf der Basis von Stecksystemen, die aus der elektrischen Anschlußtechnik bekannt sind, wurden eine Vielzahl von Stecksystemen für K-LWL entwickelt. Ein Beispiel für ein solches System ist der Sub-D Stecker (siehe Bild 9.7). Mit dem dargestellten System können 2 K-LWL und 2 Kupferkontakte angeschlossen werden. Die aktiven Bauelemente sind in die leiterplattenmontierbare Buchse eingebaut.

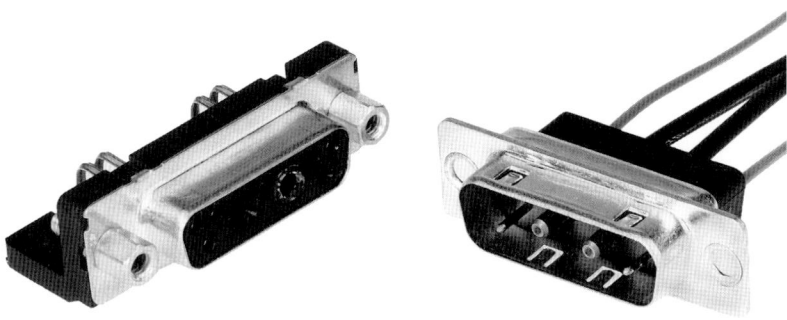

Bild 9.7
Hybridstecker ausgeführt als Sub-D Stecker für K-LWL
(Werkfoto der Firma Harting KG)

Bild 9.8
Hybridstecker für 2 K-LWL und 4 Kupferadern
(Werkfoto der Firma Harting KG)

Bild 9.8 zeigt ein weiteres Beispiel für einen äußerst kompakten Hybrid-stecker. Mit diesem System können zwei K-LWL und 4 Kupferadern gleichzeitig gesteckt werden. Am Stecker wird das Hybridkabel über eine PG-Verschraubung aus dem Steckergehäuse entnommen. Auf der Buchsenseite sind die aktiven Bauelemente zur elektrisch-optischen Wandlung der Signale integriert. Sie werden vom Hersteller individuell nach Kundenwunsch bestückt. Die elektrischen Kontakte sind bis 10 A belastbar. Der gesamte Stecker ist spritzwassergeschützt nach IP 65. Die Konfektionierung der Stecker durch den Anwender ist möglich.

10 Verfahren zur Stirnflächenbearbeitung

Nachdem im vorangegangenen Kapitel Stecker zur Verbindung der K-LWL mit den aktiven Bauelementen beschrieben wurden, betrachten wir nun die Übergangsstelle am Ende der Faser: die Faserstirnfläche.

10.1 Grundlagen

Die Qualität der Stirnfläche des K-LWL hat entscheidenden Einfluß auf die Qualität der Koppelstelle LWL–LWL, Sender–LWL bzw. LWL–Empfänger. Sie wird durch die Parameter Dämpfung und Reflexion charakterisiert.

Nicht immer ist eine minimale Dämpfung erwünscht, die durch die Qualität der Stirnfläche hervorgerufen wird. Oftmals werden einige Dezibel Verlust toleriert, vor allem wenn eine preiswerte – d.h. zeitsparende – Konfektionierung gefordert wird. So gibt es heute mehrere Verfahren zur Stirnflächenbearbeitung:

▷ Schneiden

▷ Schleifen und Polieren

▷ Schmelzen (Hot-Plate-Verfahren)

▷ Schneiden mit Laser

▷ Schneiden mit heißer Klinge

▷ Spanende Verfahren

Die ersten drei Verfahren werden im folgenden erläutert. Die drei letztgenannten Verfahren haben bis heute keine Bedeutung erlangt, wenngleich sich spanende Verfahren in Form von Sägen oder Fräsen durchaus für die Massenfertigung eignen.

Verluste an Koppelstellen, durch Stirnflächenbearbeitung, können vor allem durch Faserstirnflächenabstand, durch Oberflächenrauhigkeiten und durch Reflexionsverluste an der Stirnfläche auftreten.

Faserstirnflächenabstand

Wenn der Abstand s zwischen den Stirnflächen der Faser größer als Null ist, kann die abgestrahlte Leistung nicht mehr vollständig in den angekoppelten LWL übertragen werden (siehe Bild 10.1). Der austretende Strahlungskegel (durchgezogene Linie) wird nur teilweise (gestrichelte Linie) durch den angekoppelten LWL akzeptiert.

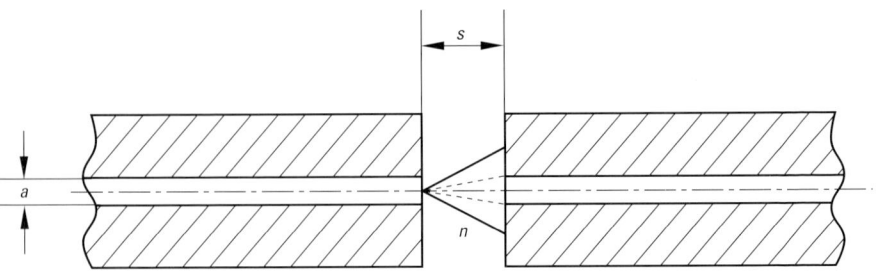

Bild 10.1 Koppelverlust durch Faserstirnflächenabstand

Der Koppelverlust (die Dämpfung) berechnet sich aus:

$$A = -10 \log \left(1 - \frac{s \cdot NA}{3 \cdot n \cdot a} \right) \qquad (10.1)$$

Diese Formel gilt für Modengleichverteilung und Stufenindexprofil. Dabei ist s der Abstand, NA die Numerische Apertur, n die Brechzahl im Zwischenraum und a der Kernradius.

Fresnelreflexion

Arbeitet die Stirnfläche gegen Luft, so erfolgt stets eine Fresnelreflexion. Näherungsweise kann man von senkrechtem Einfall ausgehen. Dann berechnet sich der reflektierte Anteil R (dimensionslose Größe) aus:

$$R = \left(\frac{n_1 - n_2}{n_1 + n_2} \right)^2 \qquad (10.2)$$

Dabei sind n_1 die Brechzahl des Faserkernwerkstoffes und n_2 die Brechzahl von Luft.

Beispiel:

Kernbrechzahl des K-LWL (PMMA) $n_1 = 1,492$
Brechzahl der Luft $n_2 = 1$
$R = 0,039 \equiv 14,1$ dB

Für das transmittierte Signal T erhält man:

$$T = 1 - R \equiv 0,96 \cong 0,17 \text{ dB} \qquad (10.3)$$

D.h., infolge einer Stirnflächenreflexion an einer idealen Oberfläche erleidet das Signal 0,17 dB Verlust. An einer Koppelstelle zwischen zwei K-LWL beträgt dieser Verlust dann 0,35 dB. Dieser Verlust läßt sich nur vermeiden, wenn zwischen den Stirnflächen ein Medium mit angepaßter

Brechzahl (Immersion) eingefügt wird. Hierfür wurde unter anderem die Verwendung von Immersionsgel in [10.1] untersucht. Die angegebenen Daten gelten bei einer Wellenlänge von 660 nm. Dies gilt auch für alle nachfolgenden Ergebnisse in diesem Kapitel.

Oberflächenrauhigkeit

Das Problem der Oberflächenrauhigkeit besteht bei allen Verfahren, die im folgenden diskutiert werden. Dabei spielt die Qualität des hierzu verwendeten Werkzeugs eine wichtige Rolle. Eine rauhe Oberfläche erzeugt Streuzentren, die das Licht sowohl in Vorwärts- als auch in Rückwärtsrichtung reflektiert.

Streuung in Vorwärtsrichtung bedeutet, daß die Lichtstrahlen ihre Richtung ändern und unter Umständen den Akzeptanzbereich des LWL verlassen, was zu Verlusten führt.

Eine Streuung in Rückwärtsrichtung erhöht den Anteil des reflektierten Signals, das vor allem dann meßbar wird, wenn die Fresnelreflexion an der Stirnfläche (beispielsweise durch Brechzahlanpassung) unterdrückt wurde. Die Größe des reflektierten Signals hängt von der Rauhigkeitstiefe ab. Je größer das Korn, um so größer die Rauhigkeitstiefe und um so größer die Reflexion und der Verlust bei Transmission. So läßt sich z.B. durch Verringerung der Korngröße von 30 μm auf 0,3 μm der Verlust durch Reflexion um ca. 0,5 dB senken.

10.2 Stirnflächenbearbeitung durch Schneiden

Schneiden ist das einfachste Verfahren. Jedoch erreicht man damit die geringste Qualität. Der K-LWL (PMMA) ist relativ hart. Deshalb ist es schwierig, dieses Material perfekt zu schneiden.

An die Schneidklinge sind besondere Anforderungen bezüglich Material, Dicke, Schneidwinkel und Oberflächenrauhigkeit zu stellen. Das Material muß eine hohe Standzeit haben und korrosionsbeständig sein. Eine einseitig angeschliffene Klinge hat sich als besonders sinnvoll erwiesen. Besonders wichtig ist es, die Klinge regelmäßig zu erneuern, da sie durch das Schneiden des relativ harten PMMA sehr schnell abstumpft.

Das Verfahren hat also eine hohe Einfügedämpfung zur Folge. Deswegen, und weil sich das Ergebnis schlecht reproduzieren läßt, wird diese Methode selten angewendet. Meist wird sie zur Konfektionierung von kurzen Verbindungen eingesetzt. Ein Immersionsgel, das zwischen Steckerstirnfläche und geschnittener Faser aufgetragen wird, kann die Reproduzierbarkeit dieses Verfahrens verbessern. Insbesondere eröffnen sich für dieses Verfahren damit neue Einsatzmöglichkeiten bei der Massenfertigung (vgl. auch [10.1]).

10.3 Stirnflächenbearbeitung durch Schleifen und Polieren

Dieses Verfahren ist aus der Glas-LWL-Technik bekannt und gut entwickelt. Man geht in folgenden Schritten vor:

▷ Absetzen der Schutzumhüllung des K-LWL

▷ Einführen und Fixieren des K-LWL im Stecker

▷ Abschneiden des LWL, so daß dieser einige Zehntel Millimeter über die Steckerstirnfläche herausragt

▷ Planschleifen des K-LWL mit Schleifpapier der Körnung 600 auf einer harten ebenen Unterlage mit Hilfe eines geeigneten Schleiftellers

▷ Polieren der LWL-Stirnfläche mit Polierpapier abnehmender Korngröße (12 μm, 1 μm, 0,3 μm)

Das Schleifen und Polieren erfolgt durch Bewegung in Form einer Acht (Bild 10.2).

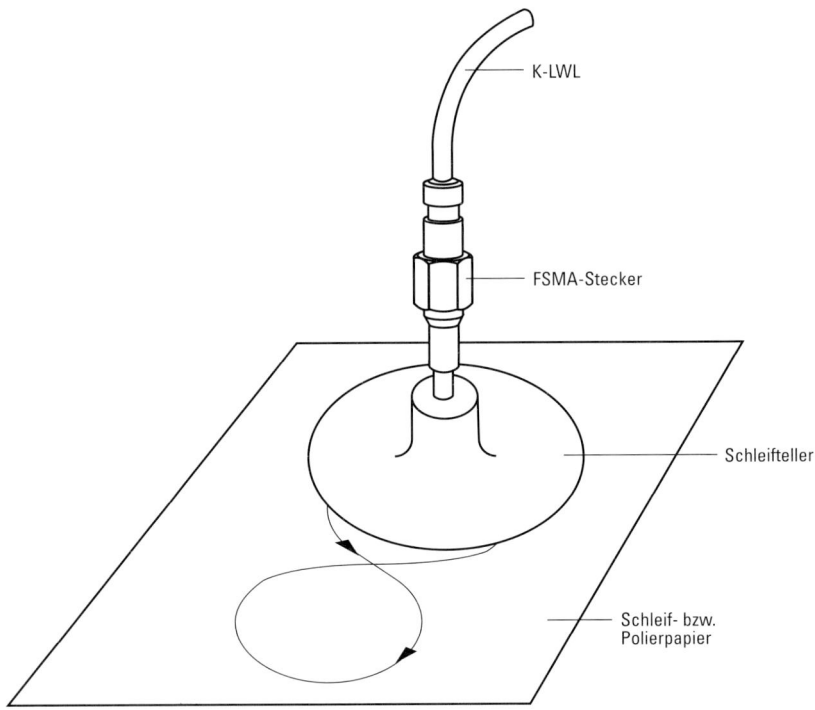

K-LWL

FSMA-Stecker

Schleifteller

Schleif- bzw. Polierpapier

Bild 10.2 Stirnflächenbearbeitung durch Schleifen und Polieren am Beispiel eines FSMA-Steckers

Schleifteller sind heute für die meisten gängigen Steckertypen im Handel erhältlich. Sie garantieren das exakte senkrechte Aufsetzen der Faserstirnfläche auf das Schleif- bzw. Polierpapier. Es ist jedoch zu beachten, daß auch der Schleifteller durch Andrücken auf das Schleifpapier abgenutzt wird. Besonders in der Serienfertigung ist ein regelmäßiger Austausch des Schleiftellers unabdingbar.

Die von mehreren Herstellern angegebenen typischen Dämpfungswerte liegen im Bereich von 0,6 dB bis 1,6 dB. Der erstgenannte Wert ist ein sehr gutes Resultat, da in dem genannten Dämpfungswert 0,35 dB Fresnelreflexionsverlust enthalten ist. Das Verfahren wird vor allem bei der Installation von K-LWL im Feld angewendet.

10.4 Stirnflächenbearbeitung durch Schmelzen (Hot-Plate-Verfahren)

Das Hot-Plate-Verfahren wurde speziell für K-LWL entwickelt. Seine Vorteile liegen insbesondere in der Schnelligkeit und der hohen Reproduzierbarkeit (siehe Bild 10.3).

Die Grundidee besteht darin, daß sich das PMMA-Material des K-LWL bei Temperaturen von etwa 160 °C plastisch verformen läßt. Bei der plastischen Verformung wird die Stirnfläche an eine heiße hochpolierte Fläche gedrückt. Durch eine spezielle Kombination von Aufheizen und Abkühlen erzielt man eine sehr glatte Stirnfläche des K-LWL. Man geht in folgenden Schritten vor:

▷ Absetzen der Schutzumhüllung des K-LWL

▷ Aufsetzen des Steckers auf den K-LWL und Herstellung einer festen Verbindung (Kleben, Crimpen oder Klemmen)

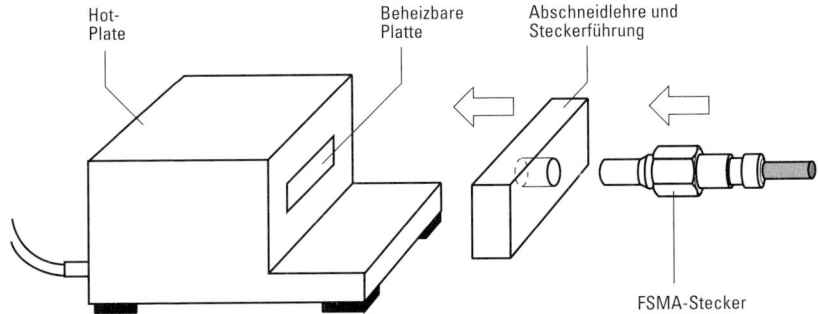

Bild 10.3 Stirnflächenbearbeitung mit Hot-Plate

▷ Abschneiden des K-LWL, so daß er noch etwa 0,5 mm aus der Steckerstirnfläche herausragt (hängt vom verwendeten Stecker ab)

▷ Mit Hilfe einer Führung wird der Stecker senkrecht auf eine heiße (ca. 160 °C) hochpolierte Fläche gedrückt. Das überstehende Material fließt in eine Senke in der Steckerstirnfläche, so daß der K-LWL nach dem Anschmelzen bündig mit der Steckerstirnfläche abschließt.

▷ Die polierte Fläche und damit das erhitzte PMMA wird abgekühlt

▷ Der nun fertig konfektionierte Stecker wird von der polierten Fläche abgehoben.

Der gesamte Vorgang des Schmelzens und Abkühlens dauert je nach verwendetem Hot-Plate Typ 5 s bis 30 s. Das Aufheizen und Abkühlen der Hot-Plate erfolgt automatisch. In Bild 10.4 ist eine Hot-Plate mit Netzteil dargestellt, die einfach handhabbar ist und zu sehr gut reproduzierbaren Ergebnissen führt. Eine Steckerführung erleichtert das senkrechte Aufsetzen des Steckers.

Der Nachteil dieses Verfahrens liegt darin, daß sich der LWL-Kern im Bereich der Steckerstirnfläche aufweitet. Ein typischer Wert für die Tiefe der Senke beträgt 0,2 mm (siehe Bild 10.5). Somit haben die K-LWL-

Bild 10.4   Hot-Plate mit Netzteil

Bild 10.5   Senke im FSMA-Stecker

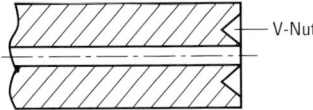

Bild 10.6   V-Nut beim Hot-Plate-Stecker

Kerne bei einer Stecker-Stecker-Kopplung mit dem ursprünglichen Durchmesser von beispielsweise 0,98 mm einen Abstand von 0,4 mm. Der Faserstirnflächenabstand führt zu Verlusten der abgestrahlten Leistung.

Aus Gleichung 10.1 kann man den Verlust berechnen. Mit $s = 0,4$ mm, $NA = 0,47$, $n = 1,492$ und $a = 0,49$ mm ergibt sich eine Dämpfung von 0,04 dB.

Es ist ersichtlich, daß dieser Verlust relativ gering ist. Gemeinsam mit dem unvermeidlichen Fresnel-Reflexions-Verlust beträgt der Mindestverlust bei LWL–LWL-Kopplung 0,4 dB. Weitgehend ohne Einfluß bleibt die Wirkung der Senke bei Kopplung zwischen LED und LWL, bzw. LWL und Empfänger.

Es wurden unterschiedliche Ausbildungen der Senke untersucht [10.2]. In der Senke bildet das plastisch verformte Material eine dünne Schicht, so daß Verluste durch axialen Versatz eintreten. Diese lassen sich durch den Einsatz einer V-förmigen Senke (Bild 10.6) minimieren. Typische Dämpfungswerte, die von mehreren Herstellern angegeben wurden, lie-

Bild 10.7   Absetzwerkzeug für K-LWL Adern

115

gen im Bereich von 0,8 dB bis 1,6 dB. Auch hier streuen die Werte stark. Dabei ist zu berücksichtigen, daß mit geringer Numerischer Apertur die Verluste abnehmen.

Bei diesem Stecker wird das Licht bis zur Steckerstirnfläche innerhalb des unveränderten LWL-Kerns geführt, wodurch keine zusätzlichen Verluste eintreten.

Abschließend gilt es, bei allen genannten Verfahren noch einen grundsätzlichen Hinweis zu beachten. Beim Absetzten der 0,6 mm dicken Schutzumhüllung muß unbedingt ein Werkzeug verwendet werden, das garantiert, daß die Faser nicht verletzt oder angeritzt wird. Durch Verwendung ungeeigneter Werkzeuge kann die Einfügedämpfung negativ beeinflußt werden. Im Bild 10.7 ist ein geeignetes Werkzeug dargestellt. Der Durchmesser der Messeröffnung beträgt 1,3 mm.

10.5 Vergleich der Verfahren

In Tabelle 10.1 werden die einzelnen Verfahren miteinander verglichen.

Tabelle 10.1
Vergleich der typischen Einfügedämpfung und der Streuung der einzelnen Verfahren

Verfahren	Einfügedämpfung	Streuung
Schneiden	2–3 dB	ca. 15 %
Schleifen und Polieren	0,6–1,6 dB	ca. 5 %
Hot-Plate	0,8–1,6 dB	ca. 2 %

11 Passive optische Komponenten

Dämpfungsglieder und Koppler werden als passive optische Komponenten bezeichnet. Dämpfungsglieder werden beispielsweise bei zu hohem optischen Signal verwendet, um eine Übersteuerung des Empfängers zu vermeiden. Koppler sind unerläßlich beim Aufbau von optischen Netzen, beispielsweise in Verkehrsmitteln (Pkw, Flugzeug, Zug), in LANs (bei kurzen Entfernungen oder In-House-Anwendungen), bei der industriellen Automatisierung (Maschinen, Roboter) oder bei Sensoranwendungen. Sie dienen dazu, optische Signale auf mehrere Signalwege aufzuteilen, bzw.diese Signale aus mehreren Signalwegen zusammenzuführen.

11.1 Koppler

11.1.1 Grundlegende Eigenschaften

Man stellt an die Koppler folgende Anforderungen:

▷ geringe Dämpfung

▷ leichte Handhabung

▷ reproduzierbares Koppelverhältnis

▷ geringe Herstellungskosten

▷ kleine Abmessungen

▷ thermische und mechanische Stabilität

▷ geringe Modenabhängigkeit

▷ gute Isolation zwischen den Eingängen

Die Bauformen der Koppler sind durch Variieren der Anzahl der Eingänge und Ausgänge vielgestaltig. Die Bezeichnung eines Kopplers enthält diese Angaben wie folgt: Anzahl der Eingänge × Anzahl der Ausgänge, beispielsweise

▷ 1×2: Y-Koppler

▷ 2×2: X-Koppler

▷ 1×N oder N×N : Sternkoppler.

Unabhängig von diesen diversen Formen läßt sich die Definition der wichtigsten Kopplerparameter auf eine einfache X-Struktur reduzieren (siehe Bild 11.1).

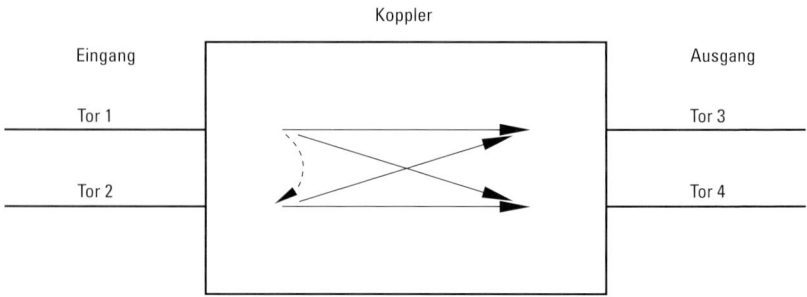

Bild 11.1 Prinzipskizze eines 2×2-Kopplers

Dann gelten die folgenden Definitionen (Lichtleistungen werden hierbei in μW eingesetzt):

▷ Zusatzdämpfung

Die Zusatzdämpfung (Excess Loss, *EL*) in dB ist ein Maß für die vom Koppler verursachten Verluste, d. h. letztendlich für seine Qualität. Sie bezieht sich auf die Summe der ausgekoppelten Lichtleistungen an Tor 3 und 4, P_3 und P_4, im Verhältnis zur Eingangsleistung P_1 am Tor 1:

$$EL = -10 \log \frac{P_1}{P_3 + P_4} \qquad (11.1)$$

Liegen keine Verluste vor, ist demnach $EL = 0$ dB.

▷ Einfügedämpfung

Die Einfügedämpfung (Insertion Loss, *IL*) in dB charakterisiert die Abschwächung des Lichts von einem Eingang zu einem einzelnen Ausgang:

$$IL = -10 \log \frac{P_3}{P_1} \text{ bzw. } -10 \log \frac{P_4}{P_1} \qquad (11.2)$$

Sie hängt einerseits vom Teilerverhältnis ab, wird aber auch durch die Zusatzdämpfung beeinflußt. Bei symmetrischer Aufteilung ist $IL = 3$ dB, falls keine Verluste (Zusatzdämpfungen) vorliegen.

Das Koppelverhältnis (Coupling Ratio, *CR*) beschreibt das Verhältnis der Leistung am Tor 4 zur Leistung am Tor 3.

$$CR = \frac{P_4}{P_3} \qquad (11.3)$$

Es gibt also an, wie sich die Leistung auf die beiden Ausgangstore aufteilt. Bei symmetrischer Aufteilung ist $CR = 1$.

▷ Nebensprechdämpfung

Die Nebensprechdämpfung (Isolation, Directivity, D) in dB ist ein Maß für das Verhältnis der austretenden Lichtleistung aus einem unbeschalteten Eingang und der eingekoppelten Leistung. Ein- und Ausgang befinden sich auf der gleichen Kopplerseite.

$$D = -10 \log \frac{P_2}{P_1} \qquad (11.4)$$

▷ Gleichförmigkeit

Die Gleichförmigkeit (Uniformity, U) in dB besitzt vor allem Bedeutung bei Mehrtorkopplern und gibt die Differenz der Einfügedämpfungen vom schlechtesten und besten Tor an.

$$U = IL_{max} - IL_{min} \qquad (11.5)$$

Beispiel:

Für den im Bild 11.2 dargestellten Aufbau sind folgende Parameter bekannt:

Ausgangsleistung des Senders: 0 dBm
Dämpfung des LWL: 0,16 dB/m
Leistung am Empfänger 1: −8 dBm
Leistung am Empfänger 2: −9 dBm

Berücksichtigt man die Dämpfung des vorgeschalteten K-LWL (10 m) ergibt sich für die Leistung am Kopplereingang: $P_1 = -1,6$ dBm.

Unter Berücksichtigung der Dämpfung der nachgeschalteten LWL (20 m), ergeben sich für die Leistungen unmittelbar an den Kopplerausgängen: $P_3 = -4,8$ dBm, $P_4 = -5,8$ dBm.

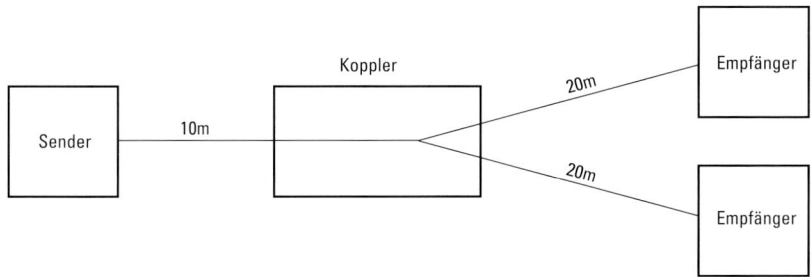

Bild 11.2 Übertragungsstrecke mit Koppler

Aus den Gleichungen 11.1 bis 11.3 und 11.5 berechnen sich daraus folgende Kopplerparameter:

Zusatzdämpfung: $EL = 0{,}66$ dB
Einfügedämpfungen: $IL = 3{,}2$ dB bzw. 4,2 dB
Koppelverhältnis: $CR = 0{,}79$
Gleichförmigkeit: $U = 1$ dB.

11.1.2 Kopplertypen

Stirnflächenkoppler

Der Stirnflächenkoppler ist die einfachste Lösung eines 1×2-Kopplers. Es werden die polierten LWL-Stirnflächen entsprechend Bild 11.3 einander gegenübergestellt und mit einem indexangepaßten Kleber verbunden. Der Vorteil liegt einerseits in der einfachen Herstellung und andererseits darin, daß das Teilverhältnis leicht eingestellt werden kann, indem man den einkoppelnden LWL seitlich verschiebt.

Von Nachteil ist die außeraxiale Einkopplung des Lichts und die hohe Zusatzdämpfung infolge der geringen Flächenüberdeckung. Diese liegt bei einem Teilverhältnis von 50% bei 1,1 dB.

Gabelkoppler

Beim Gabelkoppler werden die Ausgangsfasern so geschliffen, daß sich die Flächen voll überdecken (siehe Bild 11.4).

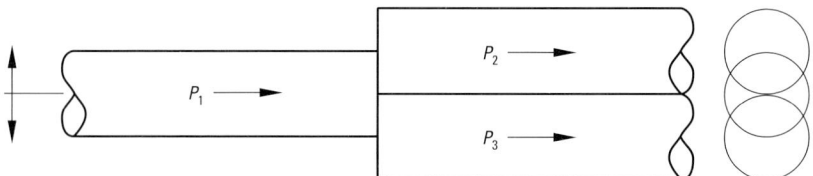

Bild 11.3   Stirnflächenkoppler

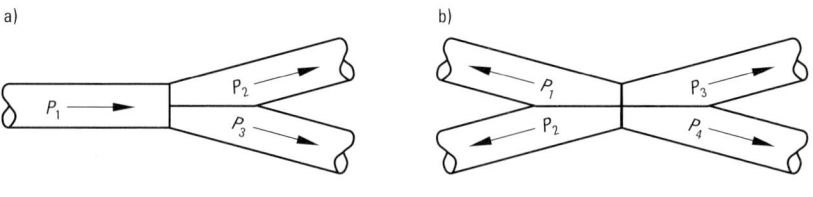

Bild 11.4   Gabelkoppler   (a) 3-Tor   (b) 4-Tor

Nachteilig ist beim Gabelkoppler die aufwendige Schleiftechnik und die schwierige Justierung, so daß mit vertretbarem Aufwand nur 1×2, bzw. 2×2-Bauformen möglich sind.

Umfangreiche Untersuchungen auf der Basis dieser Bauform wurden in [11.1] veröffentlicht. An Y-Kopplern (Kerndurchmesser 1 mm, Numerische Apertur 0,5) erzielte typische Werte waren: $EL = 2,5 \pm 0,24$ dB, $IL = 5,52 \pm 0,32$ dB, $D = 16,8 \pm 0,8$ dB und $CR = 1,08 \pm 0,04$.

Kernverschmelzungskoppler

Der Kernverschmelzungskoppler ist in seiner einfachsten Form ein 2×2-Koppler. Prinzipiell ist jede beliebige N×N-Bauform realisierbar. Die LWL werden auf einer bestimmten Länge in Kontakt gebracht und miteinander verschmolzen (siehe Bild 11.5). Das Verschmelzen von K-LWL erfolgt mittels Heißluft oder durch Ultraschallschweißen [11.2]. Der Vorteil des Verfahrens liegt in den geringen Justierproblemen und darin, daß kein aufwendiger Schleif- und Polierprozeß erforderlich ist. Von Nachteil dagegen ist der hohe gerätetechnische Aufwand.

In [11.2] wurden zwei 1 mm PMMA-K-LWL ohne Abmantelung mit Hilfe des Ultraschall-Schweißverfahrens parallel miteinander verschmolzen. Dabei hängt das erzielte Teilerverhältnis von der Verschmelzungszone und vom Durchmesser des K-LWL ab. Dennoch ist es nicht möglich, ein bestimmtes Koppelverhältnis zu überschreiten. Es konnten nur etwa 43% der eingekoppelten Lichtleistung in den angeschmolzenen LWL übertragen werden. Dadurch ist der Koppler stets asymmetrisch. Man erzielte folgende typische Werte: $EL = 0,7$ dB, $IL = 3,3$ dB bzw. 4,1 dB.

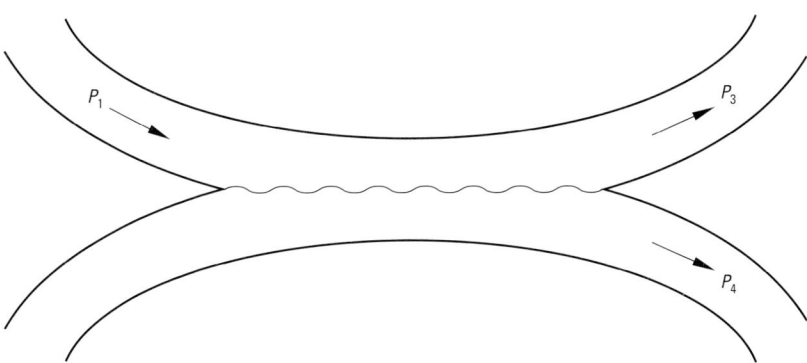

Bild 11.5 Kernverschmelzungskoppler

Taperkoppler

Der Taperkoppler wird aus zwei Fasern aufgebaut, die im Koppelbereich verjüngt wurden. Dieses Prinzip wird beim Singlemode-Schmelzkoppler mit viel Erfolg eingesetzt. Dabei ist die Lichtleistung, die in die angeschmolzene Faser überkoppelt werden soll, unbegrenzt.

Biegekoppler

Bei einem Biegekoppler wird der Eingangs-LWL um einen Radius r gebogen (siehe Bild 11.6). Moden höherer Ordnung treten an der Biegung aus und gelangen über ein transparentes Harz in den angekoppelten LWL mit ebener Stirnfläche. Das Koppelverhältnis, aber auch die Einfügedämpfung, wächst mit Verringerung des Biegeradius. Dadurch kann nur ca. 35% der eingekoppelten Lichtleistung aus der Biegung austreten, wenn nicht allzu hohe Zusatzverluste auftreten sollen [11.8].

Wird der Eingangs-LWL um 180° gebogen, so kann man zwei LWL in der oben beschriebenen Weise ankoppeln, und es entsteht ein 4-Tor-Koppler.

Die Vorteile des Biegekopplers liegen in der unkomplizierten Montage und der Möglichkeit, ein bestimmtes Koppelverhältnis auf einfachste Weise einzustellen. Nachteilig ist die Abhängigkeit von der Modenverteilung und das begrenzte Koppelverhältnis.

Kernanschliffkoppler

Der Kernanschliffkoppler ist dem Kernverschmelzungskoppler sehr ähnlich. Statt die LWL-Kerne über eine bestimmte Länge zu verschmelzen, werden diese mechanisch bearbeitet und mit einer Immersion optisch verbunden.

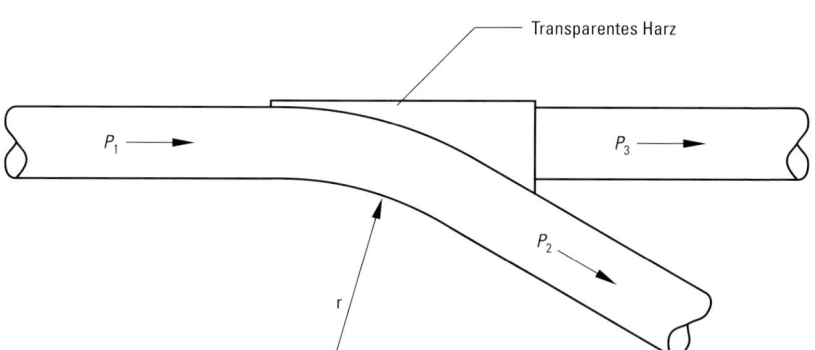

Bild 11.6   Biegekoppler

Der Vorteil des Verfahrens liegt darin, daß eine definierte Geometrie im Koppelbereich erreicht wird, und es somit leichter reproduzierbar ist. Nachteilig ist die aufwendige Schleif- und Poliertechnik sowie die problematische Justierung.

Kernanschliffkoppler für K-LWL sind bisher nicht bekannt.

Koppler mit Mischerelement

Koppler mit Mischerelement sind Sternkoppler. Sie können als Transmissionstyp mit festgelegten Ein- und Ausgängen oder als Reflexionstyp, bei dem jeder LWL sowohl Ein- als auch Ausgang sein kann, aufgebaut werden. Bei dem Reflexionstyp wird die Stirnfläche innen verspiegelt.

Als Mischer werden am häufigsten Mischerplättchen oder Mischerstäbchen verwendet. Das Mischerplättchen ist ein planes Stück Wellenleiter, dessen Dicke dem Durchmesser des angekoppelten LWL entspricht. Der Durchmesser des Mischerstäbchens ist so bemessen, daß an die Stirnflächen beider Seiten alle LWL angeschlosssen werden können. Durch den Mischer wird das Licht der Eingangs-LWL annähernd gleichmäßig auf die Ausgangs-LWL verteilt. Hierzu ist eine bestimmte Länge des Mischerelements erforderlich.

Nachteilig ist die Tatsache, daß es zwischen den einzelnen LWL blinde Zonen gibt, in die kein Licht eingekoppelt wird. Je nach Konfiguration entsteht dadurch eine Zusatzdämpfung in der Größenordnung von 1 dB.

Vorteilhaft ist es, daß man Sternkoppler mit beliebig vielen Ein- und Ausgängen realisieren kann. Allerdings ist die Justierung der Komponenten sehr aufwendig.

Bild 11.7 zeigt eine Prinzipdarstellung eines 7×7-Sternkopplers mit Mischerplättchen (Transmissionstyp). Entsprechend [11.8] wurde ein derartiges Bauelement mit folgenden Parametern hergestellt: $EL = 2,68$ bis $3,44\,dB$, $IL = 10,54$ bis $12,83\,dB$.

In [11.3] sind verschiedene Sternkoppler beschrieben, die mit Hilfe eines Mischerstäbchens aufgebaut wurden. Diese Mischerstäbchen sind transparent und haben innen reflektierende Oberflächen. Sie weisen unterschiedliche Geometrien auf: rechteckig, zylindrisch, konisch und röhrenförmig. Es wurden Koppler mit 6×6, 7×7 und 16×16 montiert . Bei letzteren erzielte man eine mittlere Einfügedämpfung von 15,2 dB und eine Gleichförmigkeit von 1,7 dB. Der theoretische Verlust bei einer Aufteilung $1:16$ ist 12,0 dB. Somit beträgt die Zusatzdämpfung 3,2 dB.

In [11.4] wurde als Mischerstab eine innen vergoldete Röhre verwendet, in deren Kernbereich sich Quarz befand. Untersucht wurde der Einfluß der Mischerlänge und des Krümmungsradius bei Biegung des Stäbchens auf die Gleichförmigkeit der Leistungsaufteilung. Dies führte man so-

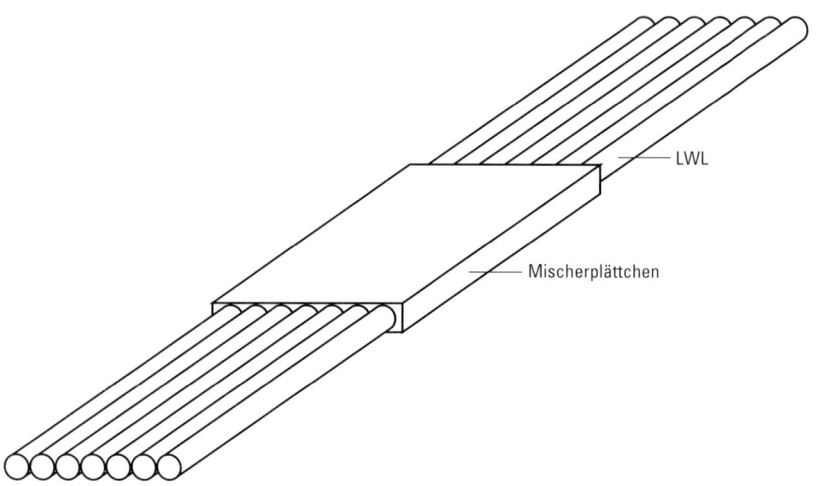

Bild 11.7 Sternkoppler 7×7 mit Mischplättchen

wohl bezüglich der Ausgangs-LWL als auch hinsichtlich der Modenverteilung durch.

In [11.5] koppelte man bei einem transmissiven 1×7 Sternkoppler auf der Eingangsseite des Mischerstäbchens zentral einen LWL an. Auf der Ausgangsseite befanden sich 7 LWL, die dicht nebeneinander angeschlossen wurden.

Interessant ist auch der Vorschlag eines mehrfach reflektierenden Sternkopplers (siehe Bild 11.8). Hier wird nicht die dichteste Packung der

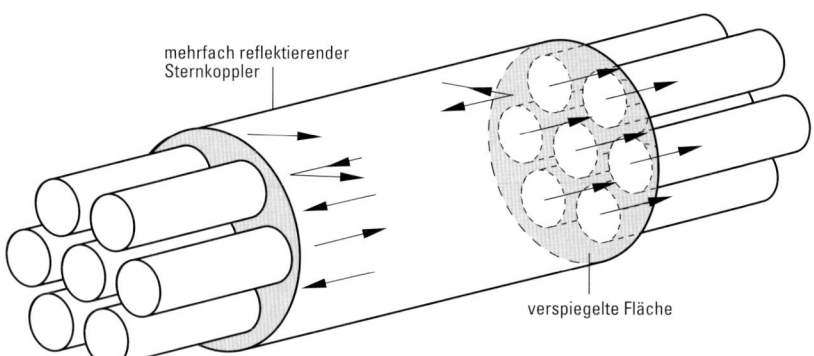

Bild 11.8 Mehrfach reflektierender Sternkoppler mit Mischerstäbchen

LWL gewählt, sondern es werden absichtlich größere Zwischenräume gelassen, die innen verspiegelt sind. Das ermöglicht eine Kopplung zwischen allen, auch benachbarten, LWL. Nachteilig ist die hohe Zusatzdämpfung dieser Anordnung.

Koppler auf Wellenleiterbasis

Abzweigstrukturen auf der Basis ebener Wellenleiter lassen sich mit Hilfe des LIGA-Verfahrens (*LI*thographie, *G*alvanoformung, *A*bformung) anfertigen [11.6, 11.7]. Hierbei sind positive und negative Strukturen möglich (siehe Bild 11.9).

Der hauptsächliche Verlust entsteht bei diesem Verfahren am Übergang vom quadratischen Querschnitt des Wellenleiters auf den kreisförmigen Querschnitt des LWL. Insofern ist ein $1 \times N$-Koppler mit großem N wesentlich günstiger, weil der Koppelverlust durch Querschnittswandlung nur zweimal auftritt, nämlich an der Stirnfläche und an der hinteren Fläche, so wie auch bei einer einfachen 1×2-Struktur. Darüber hinaus werden die Herstellungskosten mit der Anzahl der Tore nicht höher, sondern sie erweisen sich eher als degressiv.

Die besten Resultate wurden mit negativen Strukturen erzielt. Die folgenden Daten beziehen sich auf einen K-LWL mit 1 mm Durchmesser und einer numerischen Apertur von 0,5:

1×2-Koppler: $IL = 4,7$ dB, $EL = 1,7$ dB,

1×4-Koppler: $IL = 8,9$ dB, $EL = 2,9$ dB.

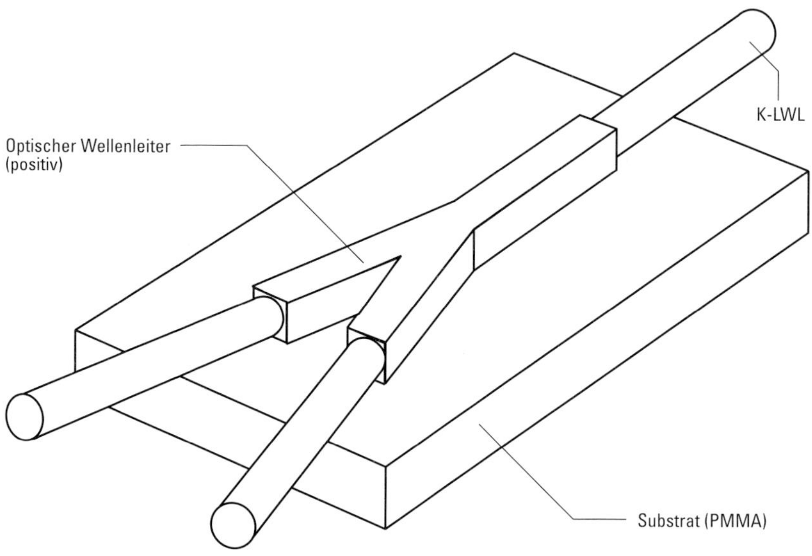

Bild 11.9   Koppler auf Wellenleiterbasis (positive Struktur)

11.1.3 Kopplertopologien

Mit Hilfe der besprochenen Bauformen lassen sich alle bekannten Topologien herstellen: Bus, Stern und Ring. So ist es auch möglich, durch Kaskadieren von 1×2-Kopplern eine Busstruktur 1×N aufzubauen und durch Verbindung von 2×2-Kopplern eine Sternstruktur N×N anzufertigen. In Bild 11.10 ist dies anhand einer 8×8-Struktur demonstriert.

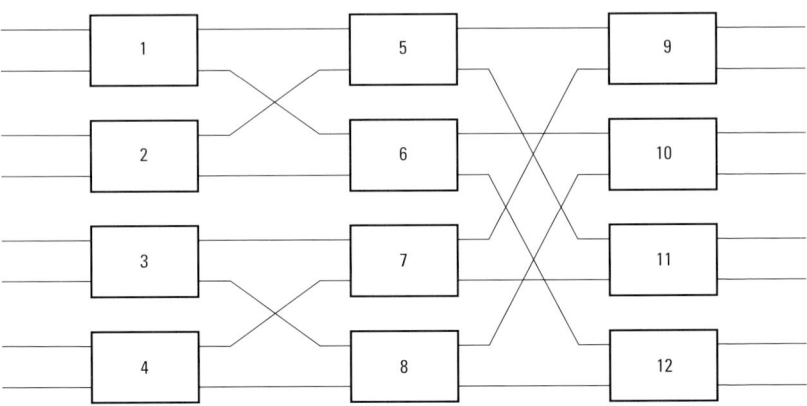

1 bis 12: 2 x 2 Koppler

Bild 11.10   Aufbau eines 8×8-Sternkopplers aus 12 2×2-Kopplern

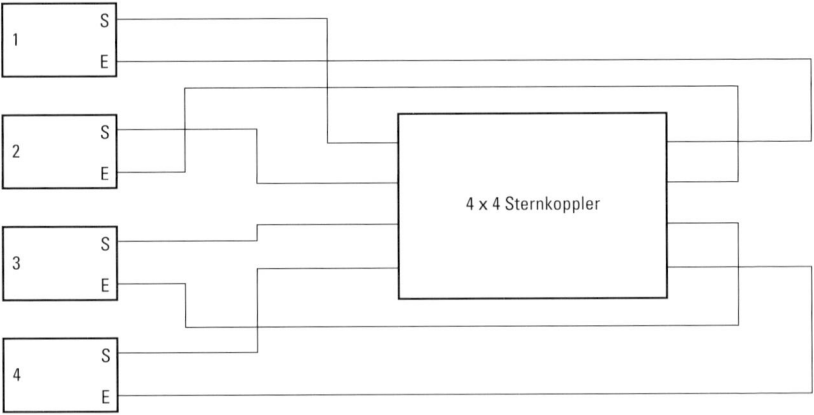

Bild 11.11   Systemstruktur mit 4×4-Sternpunkt

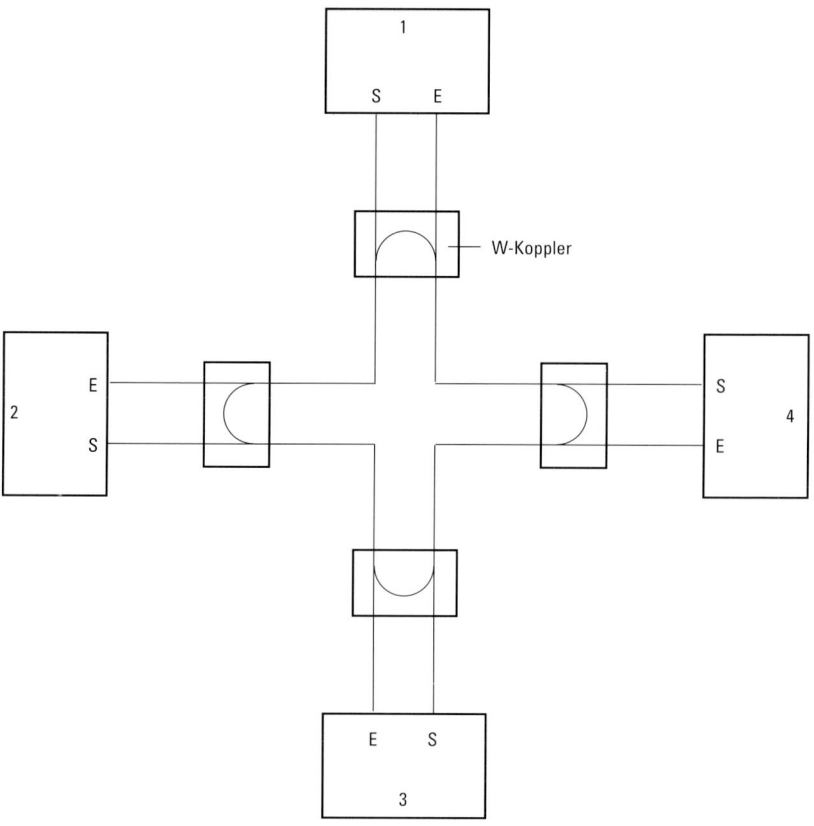

Bild 11.12   Ringstruktur mit W-Kopplern

Ein Sternkoppler kann als Sternpunkt mehrere Sender und Empfänger gleichberechtigt miteinander verbinden (siehe Bild 11.11).

Verbindet man zwei Y-Koppler nicht zu einem X sondern zu einem W, läßt sich eine Ringstruktur aufbauen (siehe Bild 11.12).

11.2 Dämpfungsglieder

Beim Einsatz von Dämpfungsgliedern und Kopplern ist stets zu gewährleisten, daß die Modenverteilung möglichst unverändert bleibt. Eine Störung in der Modenverteilung bewirkt eine undefinierte Dämpfung des Bauelements. So mißt man unmittelbar hinter dem Bauelement eine andere Dämpfung als hinter einem entsprechenden nachgeschalteten LWL (auch wenn die Dämpfung dieses nachgeschalteten LWL rechnerisch eliminiert wird), weil sich durch Modenwandlungsprozesse im nachgeschalteten LWL die ursprüngliche Modenverteilung allmählich wieder einstellt, was zu zusätzlichen Verlusten führt.

In [11.8] wurde ein Dämpfungsglied mit einer geringen Modenabhängigkeit vorgeschlagen: Auf einem Substrat befindet sich eine dünne Schicht aus PMMA-Material, in welcher Kohlenstoff-Pulver verteilt wurde. Mit der Stirnfläche eines K-LWL wird dieser Film auf eine Hot Plate gedrückt. Die dünne Schicht verschmilzt mit der Stirnfläche des K-LWL und wird vom Substrat abgelöst.

So erhält man einen dünnen Graustufenfilter auf der LWL-Stirnfläche, wobei die Dämpfung von der Dichte des Kohlenstoffs im PMMA abhängt. Ein derartiger Filter besitzt nur eine geringe Wellenlängenabhängigkeit. Dies ist eine preiswerte und kompakte Anordnung, die ohne den Einsatz von Linsen realisiert werden kann.

12 Einsatz von PCF-LWL bei größeren Entfernungen

Mitunter müssen Entfernungen, die über die derzeitigen Möglichkeiten der K-LWL hinausgehen, überbrückt werden. Natürlich lassen sich z.B. durch den Einsatz von Zwischenverstärkern oder durch die Optimierung der Sender/Empfänger mit K-LWL solche Systeme anfertigen. Eine andere elegante Lösung bietet der Einsatz der Polymer Cladded Fibre (PCF). Zunehmend wird dieser spezielle Fasertyp insbesondere in der industriellen Umgebung eingesetzt. Was macht die PCF-LWL aber so interessant? Um es in einem Satz zu beschreiben: die PCF-LWLs können an die gleiche für K-LWL spezifizierte Hardware angeschlossen werden und sind wegen ihres speziellen Aufbaus ausgesprochen robust und leicht konfektionierbar. In den folgenden Abschnitten werden die wichtigsten Eigenschaften dieser Faser näher erläutert.

12.1 Aufbau der PCF-LWL

Der PCF-LWL besteht aus einem Glaskern und einem Mantel auf Polymerbasis (siehe Bild 12.1). Damit ist er weder eine reine Glas-, noch eine reine Kunststoffaser – sondern eine Mischfaser. Diese Faser ist mit verschiedenen Durchmessern erhältlich. Für die hier besprochene Anwendung hat sich die Faser mit einem Kerndurchmesser von 200 μm und einem Manteldurchmesser von 230 μm durchgesetzt.

Das Kurzzeichen in Anlehnung an DIN VDE 0888 Teil 4 ist im folgenden Beispiel für eine 230 μm Faser erläutert.

Kurzzeichen

F – K200/230 10A17

F – Faser
K – PCF-LWL mit Stufenindexprofil

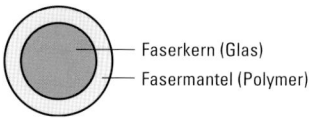

Faserkern (Glas)
Fasermantel (Polymer)

Bild 12.1   Aufbau eines Stufenindex-PCF-LWL

200/230 – Kern/Manteldurchmesser in mm
10 – Dämpfungskoeffizient in dB/km
A – Wellenlänge 650 nm
17 – Bandbreiten-Längen-Produkt 17 MHz · 1 km

Das als Mantel verwendete Polymer bestimmt einerseits durch seinen Brechungsindex die Numerische Apertur der Faser und andererseits die mechanischen Eigenschaften der Faser. Der Umgang mit diesen PCF-LWL ist außerordentlich anwenderfreundlich. Durch den großen Querschnitt bricht diese Faser erst bei sehr engen Biegeradien.

12.2 Eigenschaften

Aufgrund ihres Aufbaus wird der PCF-LWL auch als Multimode-Stufenindexfaser bezeichnet.

Aus dem spektralen Verlauf des Dämpfungskoeffizienten, (siehe Bild 12.2) kann man eine Dämpfung von $8-10$ dB/km in dem für K-LWL interessanten Bereich von $650-660$ nm ablesen. Damit ist die optische Dämpfung dieser Faser um ein Vielfaches kleiner als die der K-LWL.

Demgegenüber steht ein deutlich kleinerer Faserkernquerschnitt von 200 μm im Vergleich zum K-LWL mit 980 μm. Dies hat zur Folge, daß von Sendern und Empfängern, die auf die Verhältnisse von K-LWL angepaßt sind, ein höherer Einkoppelverlust zu erwarten ist. Durch eine einfache Berechnung, wie sie im folgenden durchgeführt wird, bestätigt

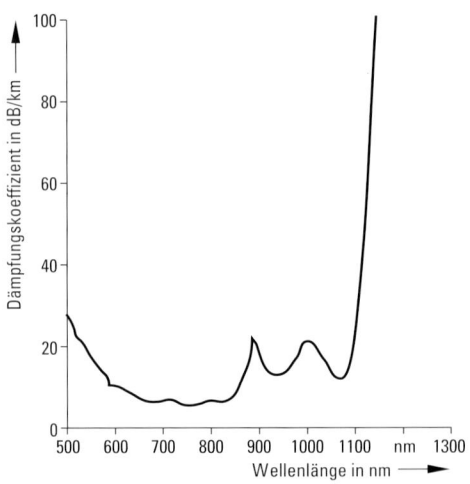

Bild 12.2 Spektraler Verlauf des Dämpfungskoeffizienten $\alpha(\lambda)$ eines PCF-LWL

sich diese Erwartung. Ein Sender für K-LWL hat typischerweise eine emittierende Fläche von etwa 0,3 mm · 0,3 mm = 0,09 mm². Für einen solchen Sender ist die einkoppelbare Leistung bekannt. Der 200 μm PCF-LWL hat jedoch nur eine Querschnittsfläche von 0,031 mm². Damit können also höchstens 34,5% der emittierten Lichtleistung in den PCF-LWL eingekoppelt werden. Im Vergleich zur Leistung bei einem K-LWL werden somit 4,6 dB weniger Lichtleistung in den PCF-LWL eingekoppelt. Berücksichtigt man zusätzlich die kleinere Numerische Apertur des PCF-LWL (0,36), so wird zusätzlich ca. 1 dB weniger Lichtleistung im Vergleich zum K-LWL eingekoppelt. In der Praxis stellt man oftmals höhere Einkoppelverluste in der Größenordnung von 9 dB fest. Die Ursache dafür liegt in den Ankoppelverhältnissen wie Abstand und Winkel des PCF-LWL zur LED usw. Diese Eigenschaften sind vom speziellen Sender und dem Stecksystem abhängig und müssen im konkreten Fall untersucht werden. Dennoch lassen sich, wie das nachfolgende Beispiel zeigt, in den meisten Fällen mit dem PCF-LWL Entfernungen bis etwa 500 m überbrücken.

Beispiel:

Ein System, daß für K-LWL ausgelegt ist, ermöglicht eine überbrückbare Entfernung von $L_{max} = 60$ m mit K-LWL (bei 660 nm). Dabei wurde eine Faserdämpfung von $\alpha_{K-LWL} = 230$ dB/km für den K-LWL angenommen. Welche Entfernung ist mit PCF-LWL überbrückbar, wenn der Einkoppelverlust 9 dB und der Dämpfungskoeffizient 10 dB/km beträgt?

Wir berechnen zunächst aus den Angaben für K-LWL das zur Verfügung stehende Leistungsbudget P_{Budget}:

$$P_{Budget} = L_{max} \cdot \alpha_{K-LWL}$$

$$P_{Budget} = 60 \text{ m} \cdot 230 \text{ dB/km}$$

$$P_{Budget} = 13,8 \text{ dB}$$

Dieses Leistungsbudget steht nun auch für die PCF-LWL zur Verfügung, wobei die Einkoppeldämpfung von 9 dB berücksichtigt werden muß.

$$P_{Budget} - 9 \text{ dB} = L_{max} \cdot \alpha_{PCF}$$

$$\frac{13,8 \text{ dB} - 9 \text{ dB}}{10 \text{ dB/km}} = L_{max}$$

$$L_{max} = 0,48 \text{ km}$$

Somit lassen sich also Entfernungen bis 480 m mit diesem System überbrücken. Eine ausreichend große Systemreserve sollte auch in solchen Fällen berücksichtigt werden (siehe Abschnitt 13.1).

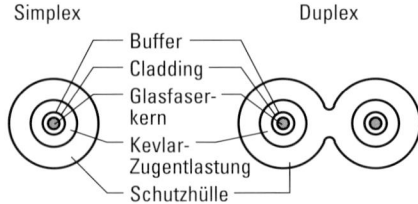

Bild 12.3 PCF-LWL Simplex- und Duplexader

12.3 Kabel mit PCF-LWL

Die einfachste Konstruktion ist wiederum eine Ader, wie sie im Bild 12.3 als Simplex- und Duplexader dargestellt ist. Jedoch weist die Ader im Gegensatz zur K-LWL-Ader bereits Zugentlastungselemente auf. Häufig werden Adern mit den Außendurchmessern von 2,2 mm und 3,0 mm eingesetzt. Für die Schutzhülle werden die gleichen Werkstoffe wie bei K-LWL verwendet, wobei der Trend auch hier zu halogenfreien und flammwidrigen Werkstoffen geht.

PCF-LWL-Adern mit Zugentlastungselementen sind mit folgenden typischen Eigenschaften verfügbar:

Kerndurchmesser:	200 μm
Schutzhüllendurchmesser:	230 μm
Bufferdurchmesser:	500 μm
Zugfestigkeit:	45 N
Minimaler Biegeradius:	16 mm
Dämpfungskoeffizient bei 660 nm:	10 dB/km
Numerische Apertur:	0,36
Akzeptanzwinkel:	21°
Bandbreiten-Längen-Produkt:	17 MHz · 1 km

12.4 Konfektionierung und Stecksysteme

Die Konfektionierung der PCF-LWL ist durch Verwendung einer speziellen Crimp- und Cleave-Technik sehr einfach und kann in etwa 3 Minuten ausgeführt werden. Damit eignen sich diese Fasern besonders für die Vorort-Montage. Bei diesem Verfahren wird der Stecker einfach auf die Faser gecrimpt, ohne daß Klebstoff verwendet werden muß. Die Stirnflächenbearbeitung der Faser erfolgt durch ein spezielles Brechwerkzeug. Dabei wird die Faser unter Zug angeritzt und anschließend gebrochen (Cleave). Das Schleifen und Polieren wie bei herkömmlichen Glasfasern ist nicht notwendig.

Als Stecker kommen alle Steckersysteme für K-LWL (siehe Abschnitt 9.3) in Betracht. Darüber hinaus werden vielerorts weitere bekannte Stecker an diese spezielle Faser angepaßt. Der Einsatz von crimplosen Steckern, bei denen die Stecker am Kabel ohne zusätzliche Werkzeuge befestigt werden, ist nur noch eine Frage der Zeit, da ihre Entwicklung bereits im Gang ist.

13 Systementwicklung

Um als Anwender eine Übertragungsstrecke mit K-LWL aufzubauen, müssen folgende Parameter bekannt sein:

▷ minimale und maximale zu überbrückende Länge

▷ Datenrate

▷ Betriebswellenlänge

▷ minimale und maximale Einsatztemperatur des Systems

▷ Typ und Eigenschaften des zu verwendenden Kabels

▷ eventuell erforderliche Anzahl der passiven Koppelstellen

Diese Daten sind die Basis für die übertragungstechnische Planung der Installation. Darüber hinaus gilt es weitere Fragen wie Kosten, Steckertyp usw. bei der Planung eines Systems zu klären, auf die an dieser Stelle nicht näher eingegangen werden kann.

13.1 Dämpfungsplan

Die Gesamtdämpfung A_{Sys} eines Systems setzt sich aus der Dämpfung der Kabellänge, der Koppeldämpfungen am Sender A_{KS} und Empfänger A_{KE} und der Koppeldämpfung A_{KP} an eventuell vorhandenen passiven Kupplungen sowie einer einzuplanenden Dämpfungsreserve A_{Res} zusammen. Somit gilt:

$$A_{Sys} = \alpha_{LWL} \cdot L + A_{KS} + A_{KE} + n + A_{KP} + A_{Res} \qquad (13.1)$$

A_{Sys} Gesamtdämpfung des Systems in dB
α_{LWL} Dämpfungskoeffizient des Kabels in dB/km
A_{KS} Einkoppeldämpfung am Sender
A_{KE} Auskoppeldämpfung am Empfänger
A_{KP} Koppeldämpfung der Kupplung
A_{Res} Dämpfungsreserve (z.B. 3 dB)
L Länge des Kabels in km
n Anzahl der passiven Kupplungen

Die Koppeldämpfung muß bei den meisten kommerziell verfügbaren Sendern und Empfängern nicht berücksichtigt werden, da die Hersteller die Einkoppelleistung bzw. Empfängerempfindlichkeit mit Hilfe von konfektionierten K-LWL prüfen und im Datenblatt spezifizieren. Somit werden diese Dämpfungsverluste bereits im voraus berücksichtigt.

Wie in Kapitel 4 beschrieben, ist der Dämpfungskoeffizient der K-LWL bei Verwendung von LED als Sender eine längenabhängige Größe. Meist ist jedoch nur der Dämpfungskoeffizient, monochromatisch gemessen, bekannt. Mitunter findet man in den Herstellerangaben Richtwerte für die Dämpfung, gemessen mit einer LED, bezogen auf 660 nm und eine Länge von 50 m, die man für die Planung übernehmen kann. Stehen keine Informationen zur Verfügung, empfiehlt es sich, den Dämpfungskoeffizienten mit dem speziellen Sender zu bestimmen. Legt man ein System für 50 m aus, dann ist die Angabe des Dämpfungskoeffizienten bezogen auf 50 m völlig ausreichend. Obwohl bei kürzeren Längen unterhalb 50 m wegen der Nichtlinearität des Dämpfungskoeffizienten (siehe Bild 4.4) dieser größer ist als bei 50 m, ist die Absolutdämpfung des 50 m langen Kabels in jedem Falle die größte aller auftretenden Dämpfungen. Bei Planungen, die über eine Entfernung von 50 m hinausgehen, kann ebenfalls mit dem Dämpfungskoeffizienten bezogen auf 50 m gerechnet werden. Man geht damit auf keinen Fall ein Risiko ein. Wenn das System jedoch ausgereizt werden soll, so müssen genauere Untersuchungen am Kabel durchgeführt werden.

Beispiel:

Es soll die Systemdämpfung für ein System, dessen maximale Ausdehnung 50 m beträgt, aufgebaut werden. Dabei ist eine passive Kupplung vorzusehen. Die mittlere Dämpfung der Kupplung beträgt $A_{KP} = 3$ dB. Weiterhin ist eine Systemreserve von 3 dB einzuplanen. Die Betriebswellenlänge beträgt $\lambda = 660$ nm. Bei dieser Wellenlänge und einer Kabellänge von 50 m gilt der Dämpfungskoeffizient 230 dB/km. Aus diesen Angaben ergibt sich entsprechend Gleichung 13.1 für die Gesamtdämpfung A_{Sys} des Systems:

$$A_{Sys} = 230\ dB/km \cdot 0{,}050\ km + 1 \cdot 3\ dB + 3\ dB = 17{,}5\ dB$$

Es ist also ein Leistungsbudget von mindestens 17,5 dB erforderlich, um dieses System zu realisieren.

Dieses Leistungsbudget muß nun durch geeignete Auswahl von Sender und Empfänger erzielt werden. Die folgenden Betrachtungen beziehen sich immer auf Empfänger, die bereits ein TTL-Signal am Ausgang abgeben. Bei Verwendung von Empfängern, die nur analoge Signale liefern, bleibt es dem Anwender überlassen, eine entsprechende Wandlerschaltung aufzubauen. Die Daten dieser Schaltung können für die folgenden Betrachtungen übernommen werden.

Für die Berechnung des Leistungsbudgets können die Werte aus den Datenblättern der Hersteller entnommen werden. Die Werte werden meist in dBm angegeben, wodurch das Rechnen sehr einfach ist. Typischerweise werden für den Sender die minimale (P_{Smin}), die typische (P_{Styp}) und die maximale (P_{Smax}) optischen Sendeleistungen angegeben. Für die Berechnung des Leistungsbudget im Worst Case ist P_{Smin} zu verwenden. In gleicher Weise wird die Empfängerempfindlichkeit spezifiziert. Während beim Sender damit die Streuung der optischen Sendeleistung spezifiziert wird, definieren die Angaben beim Empfänger dessen Dynamikumfang. Als Dynamikumfang wird die Differenz zwischen minimaler Empfängerempfindlichkeit und maximaler Empfängerempfindlichkeit bezeichnet. Dabei bedeutet die minimale Empfängerempfindlichkeit genau die Lichtleistung, die der Empfänger gerade noch erkennen und verarbeiten kann. Die maximale Empfängerempfindlichkeit ist die maximale Lichtleistung, die der Empfänger ohne zu übersteuern aufnehmen kann. Daher wird die maximale Empfängerempfindlichkeit oft auch als Übersteuerungsgrenze bezeichnet. Die Berechnung des Leistungsbudgets wird in nachfolgender Weise durchgeführt:

$$P_{Budget} = P_{Smin} - P_{Emin} \qquad (13.2)$$

P_{Smin} minimale Sendeleistung in dBm
P_{Emin} minimale Empfängerempfindlichkeit in dBm

Mitunter wird die minimale und maximale Empfängerempfindlichkeit in Datenblättern bezogen auf den TTL Level des elektrischen Ausgangs-

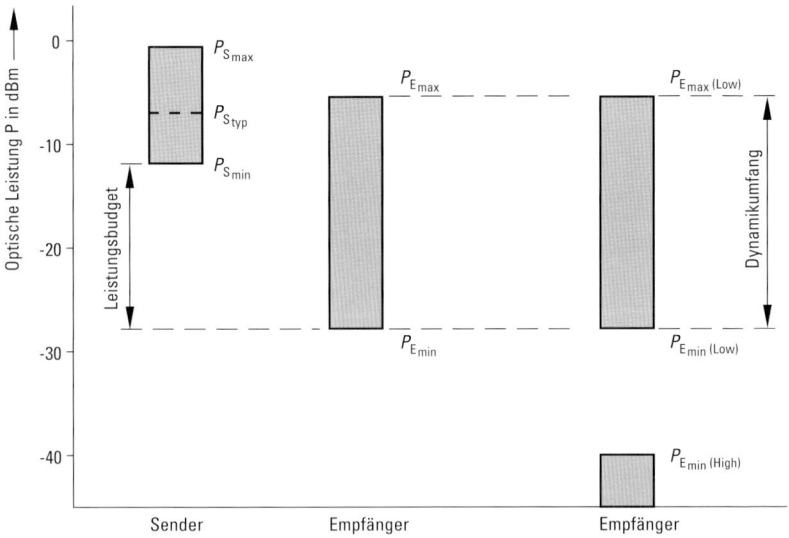

Bild 13.1
Grafische Erklärung der Begriffe von Leistungsbudget und Dynamikumfang

signals angegeben. In Formel 13.2 ist dann P_{Emin} durch $P_{Emin(Low)}$ zu ersetzen. Dabei bedeutet $P_{Emin(Low)}$ die minimale Eingangsleistung, die erforderlich ist, um am Ausgang ein LOW-Signal zu erhalten. In Bild 13.1 sind die Zusammenhänge nochmals zum besseren Verständnis dargestellt.

Wenn $P_{Smin} > P_{Emax}$ dann besteht die Gefahr, daß der Empfänger bei einem kurzen Kabel übersteuert wird. Entweder man setzt in diesem Fall keine derartigen Kabel ein (dies tritt in der Praxis durchaus auf), oder man muß über den Strom am Sender dessen optische Ausgangsleistung so absenken, daß ein Übersteuern vermieden wird. Die einfachste Lösung ist jedoch, durch geeignete Auswahl des Senders und Empfängers diesen Fall auszuschließen.

Damit das Gesamtsystem bei Einsatz des längsten Kabels funktioniert, muß die Bedingung erfüllt werden:

$$A_{Sys} \leq P_{Budget} \tag{13.3}$$

Beispiel:

Es steht ein Sender und ein Empfänger mit den nachfolgenden optischen Daten zur Verfügung. Es soll berechnet werden, welche maximale Entfernung mit einem K-LWL überbrückbar ist, wobei eine Systemreserve von 3 dB einkalkuliert werden soll.

Optische Daten des Senders und Empfängers:

$P_{Smax} = -4$ dBm
$P_{Smin} = -6$ dBm
$P_{Emax} = -6$ dBm
$P_{Emin} = -28$ dBm
$\lambda = 660$ nm

Zunächst prüfen wir, ob P_{Smin} kleiner oder gleich P_{Emax} ist. Da diese Werte gleich sind, kommt es auch bei kurzen Kabeln nicht zur Übersteuerung des Systems. Aus dem Datenblatt des K-LWL entnehmen wir, daß der Dämpfungskoeffizient 230 dB/km bei Verwendung einer LED mit einer Wellenlänge von 660 nm bezogen auf eine Länge von 50 m beträgt. Die maximal überbrückbare Entfernung berechnen wir wie folgt:

$$P_{Budget} = -6 \, \text{dBm} - (-28 \, \text{dBm}) = 22 \, \text{dB}$$

$$A_{Sys} = 230 \, \text{dB/km} \cdot L_{max} + 3 \, \text{dB} = P_{Budget}$$

$$L_{max} = \frac{22 \, \text{dB} - 3 \, \text{dB}}{230 \, \text{dB/km}} \approx 82 \, \text{m}$$

Wir können also in diesem Fall maximal 82 m mit K-LWL überbrücken.

Wie in den Abschnitten 8.2.1 und 8.3 ausgeführt, ist die Wellenlänge, die Ausgangsleistung des Senders sowie die Empfängerempfindlichkeit temperaturabhängig. Wenn diese Abhängigkeiten nicht bereits in die spezifizierten optischen Daten von Sender und Empfänger eingeflossen sind, muß dies nachträglich durchgeführt werden.

Beispiel:

Sender und Empfänger aus obigem Beispiel sollen im Temperaturbereich von 25 °C bis 70 °C eingesetzt werden. Folgende Daten stehen für $T = 25\,°C$ zur Verfügung:

$\Delta\lambda/\Delta T = 0{,}12$ nm/K

$\Delta P_S/\Delta T = -0{,}04$ dB/K

$\Delta P_E/\Delta T = +0{,}03$ dB/K

Welche maximale Entfernung ist unter Berücksichtigung der Temperatur überbrückbar?

a) Verschiebung der Senderwellenlänge:

$$\lambda_{70\,°C} = \lambda_{25\,°C} + \frac{\Delta\lambda}{\Delta T} \cdot (T_{max} - T)$$

$$\lambda_{70\,°C} = 660\text{ nm} + 0{,}12\text{ nm/K} \cdot 45\text{ K} = 665{,}4\text{ nm}$$

Als Richtwert für den Dämpfungskoeffizienten des K-LWL bei dieser Wellenlänge verwenden wir die Angaben aus Tabelle 4.3. Demnach ist mit einer Dämpfungszunahme um etwa 20 dB/km bei einer Wellenlängenverschiebung von 660 nm auf 665,4 nm zu rechnen. Somit erhöht sich der Dämpfungskoeffizient von anfänglich 230 dB/km auf 250 dB/km in unserem Beispiel.

b) Veränderung der optischen Ausgangsleistung und der Empfängerempfindlichkeit:

$$P_{Emin\,70\,°C} = P_{Emin\,25\,°C} + \frac{\Delta P_E}{\Delta T} \cdot (T_{max} - T)$$

$$P_{Emin\,70\,°C} = -28\text{ dBm} + 0{,}03\text{ dB/K} \cdot 45\text{ K}$$

$$P_{Emin\,70\,°C} = -26{,}65\text{ dBm}$$

$$P_{Smin\,70\,°C} = P_{Smin\,25\,°C} + \frac{\Delta P_S}{\Delta T} \cdot (T_{max} - T)$$

$$P_{Smin\,70\,°C} = -6\text{ dBm} + (-0{,}04\text{ dB/K}) \cdot 45\text{ K}$$

$$P_{Smin\,70\,°C} = -7{,}8\text{ dBm}$$

c) Berechnung der maximal überbrückbaren Entfernung:

$$L_{max} = \frac{P_{Smin\,70\,°C} - P_{Emin\,70\,°C} - A_{Res}}{\alpha_{LWL\,665,4\,nm}}$$

$$L_{max} = \frac{-7,8\ dBm + 26,65\ dBm - 3\ dB}{250\,dB/km}$$

$$L_{max} \approx 63\ m$$

Im Temperaturbereich von 25 °C bis 70 °C ist also eine maximale Entfernung von 63 m unter den genannten Bedingungen überbrückbar. Die kleinste überbrückbare Entfernung ist in gleicher Weise zu bestimmen.

Abschließend sei bemerkt, daß die Peakwellenlängen der LED fertigungsbedingte Streuungen aufweisen. Bei der Berechnung sollte man den Worst Case annehmen, d.h., die Wellenlänge ansetzen, bei der der K-LWL die höchste Dämpfung aufweist.

13.2 Datenrate

Die maximal übertragbare Datenrate ist einerseits von den aktiven Bauelementen, also dem Sender und Empfänger, und zum anderen von der Bandbreite des K-LWL abhängig. Aus den Herstellerangaben können diese Daten entnommen werden. Nach Formel 1.17 ist das Produkt aus Bandbreite und Länge des LWL annähernd konstant. Demnach gehen wir davon aus, daß die Bandbreite linear mit der Länge des LWL abnimmt, was bei den relativ kurzen Längen des K-LWL hinreichend genau ist. Demnach muß bei der Planung eines Systems die nachfolgende Bedingung erfüllt werden:

$$B_{sys} \geq \frac{B \cdot L}{L_{max}} \tag{13.4}$$

B_{sys} Systembandbreite

$B \cdot L$ Bandbreiten-Längen-Produkt des K-LWL

L_{max} maximal überbrückbare Entfernung

Beispiel:

Es soll ein System mit einer Datenrate von 150 Mbit/s aufgebaut werden. Welche maximale Entfernung ist mit einem K-LWL, dessen Numerische Apertur $NA = 0,47$ beträgt, überbrückbar? Der optische Sender koppelt mit einer NA von 0,65 ein.

Als Faustregel kann angenommen werden, daß je Bit pro Sekunde 0,8 Hz als Übertragungsgeschwindigkeit benötigt werden (gilt für NRZ-Codierung).

Aus Tabelle 4.4 entnehmen wir, daß der K-LWL unter diesen Bedingungen eine Bandbreiten-Längen-Produkt von ca. 45 MHz · 100 m hat. Somit berechnet sich die maximal überbrückbare Entfernung wie folgt:

$$0{,}8 \cdot 150\,\text{MHz} = \frac{45\,\text{MHz} \cdot 100\,\text{m}}{L_{\text{max}}}$$

$$L_{\text{max}} = 37{,}5\,\text{m}$$

Es ist also eine maximale Entfernung von 37,5 m überbrückbar. In diesem Fall bietet es sich an, die „Low NA"-Faser zu verwenden. Das Bandbreiten-Längen-Produkt dieser Faser liegt unter den genannten Bedingungen bei etwa 110 MHz · 100 m. Damit wäre eine Entfernung von maximal 91 m überbrückbar.

14 Standardisierung

Weltweit wird die Entwicklung von Standards auf dem Gebiet der LWL-Technik und insbesondere für die K-LWL-Technik forciert. Während die Standardisierung von Glas-LWL weit fortgeschritten ist, begann man mit der Standardisierung für K-LWL erst vor 6 bis 8 Jahren.

14.1 Standardisierungsgremien

Es gibt eine Reihe von Organisationen, die sich an der Entwicklung der Standards für K-LWL beteiligen:

▷ Internationale Elektrotechnische Kommission (IEC): Verantwortlich für die internationale Standardisierung auf dem Gebiet der Elektrotechnik und Elektronik.

▷ Amerikanisches Nationales Institut für Standardisierung (ANSI): Koordiniert die nationalen Aktivitäten der Standardisierung und vertritt die USA in Fragen internationaler Standardisierung.

▷ Institut der Elektrotechnik- und Elektronikingenieure (IEEE): Entwickelt u. a. LAN-Standards für Baugruppen der Datenverarbeitung.

▷ Deutsches Institut für Normung e.V. (DIN)

▷ Verband Deutsche Elektrotechniker (VDE)

Die maßgebende internationale Standardisierungsinstitution ist das IEC mit Sitz in Genf. Die wichtigsten Komitees des IEC zum Problemkreis „Faseroptik" sind die folgenden:

▷ TC86　　　　　Faseroptik

▷ SC86A　　　　Fasern und Kabel

▷ SWG1　　　　Kurze Strecken: Faser, Kabel

▷ SWG2　　　　Anwendungen

▷ SC86B　　　　Verbindungs- und passive Komponenten

▷ WG1　　　　　Verbindungen

▷ WG2　　　　　Passive Komponenten

▷ SC86C　　　　Systemspezifikationen

▷ TC83/WG2　　Lokale Netzwerke

▷ TC47/WG15　Optische Bauelemente

Die Hauptaktivitäten zur Standardisierung von K-LWL erfolgen bei IEEE in der Arbeitsgruppe 802.

Da bisher die meisten Aktivitäten zur Entwicklung und Fertigung von K-LWL von Japan ausgegangen sind, findet man ebenso Standards für K-LWL beim Japanischen Industrie Standard (JIS).

14.2 Standards für Faser, Kabel und Stecker

JIS und IEC spezifizieren die Prüfverfahren für die mechanische Charakterisierung, die Strukturparameter und die Dämpfung von Multimode-K-LWL. Die Standards beziehen sich auf Faserdurchmesser von 0,5 mm, 0,75 mm und 1 mm. Zwischen den entsprechenden JIS- bzw. IEC-Standards gibt es im allgemeinen nur geringe Abweichungen. In Tabelle 14.1 sind die Problemkreise und die entsprechenden Standards gegenübergestellt.

Tabelle 14.1 Prüfverfahren und Produktspezifikationen nach JIS und IEC

Gegenstand	JIS	IEC
Prüfverfahren Fasern	JIS C 6863 JIS C 6862	60793-1 –
Produktspezifikation Fasern	JIS C 6837	60793-2
Prüfverfahren Kabel	–	60794-1
Produktspezifikation Kabel	JIS C 6836	–

Tabelle 14.2 Produktspezifikation für K-LWL-Fasern

Gegenstand	JIS			IEC
Brechungsindexprofil	Stufenindex			wie JIS
Kerndurchmesser in μm	980	735	485[1)	wie JIS
Manteldurchmesser in μm	1000±60	750±45	500±30	wie JIS
Abweichung von der Kreisform der Manteloberfläche in %	≤6	≤6	≤6	wie JIS
Maximale theoretische Numerische Apertur	0,5±0,15			wie JIS
Dämpfung	≤0,3 dB/m[2) 3) ≤0,4 dB/m[2)			≤0,3 dB/m[3) ≤0,4 dB/m
Bandbreite	–	–	–	≥10 MHz, bezogen auf 100 m

[1) Nennwerte; normalerweise ist der Kerndurchmesser 10 bis 20 μm kleiner als der Manteldurchmesser.
[2) Die Wellenlänge der Quelle sollte (650±3) nm betragen (JIS C 6863).
[3) Bei Einkopplung mit Modengleichgewicht.

Tabelle 14.3 Produktspezifikation für K-LWL-Adern

Gegenstand	JIS			IEC
Brechungsindexprofil	Stufenindex			wie JIS
Kerndurchmesser in μm	980	735	485[1]	wie JIS
Manteldurchmesser in μm	1000 ± 60	750 ± 45	500 ± 30	wie JIS
Durchmesser Schutzhülle in mm	2,2 ± 0,1	2,2 ± 0,1	1,5 ± 0,1	–
Abweichung von der Kreisform der Manteloberfläche in %	≤6	≤6	≤6	wie JIS
Maximale theoretische Numerische Apertur	–	–	–	0,5 ± 0,15
Numerische Apertur	0,5 ± 0,15			–
Dämpfung	wie in Tabelle 14.2			wie JIS
Bandbreite MHz · 100 m	–			≥ 10

[1] Nennwerte

Die Prüfverfahren zur Charakterisierung von Adern und Kabeln werden im Kapitel 7 dieses Buches erläutert. Die Produktspezifikationen für K-LWL-Fasern sind in Tabelle 14.2, für K-LWL-Adern in Tabelle 14.3 zusammengestellt.

Im Abschnitt 9.3 dieses Buches werden genormte Stecker für K-LWL beschrieben (siehe Tabelle 9.1).

14.3 Standards für Systeme mit K-LWL

SERCOS interface ist eine offene Standardschnittstelle für die Kommunikation zwischen Steuerungen und digitalen Antrieben in numerisch gesteuerten Maschinen. *SERCOS interface* ist als IEC 601491 SYSTEM internationale Norm und legt K-LWL als einziges Übertragungsmedium fest.

INTERBUS-S ist ein Sensor-/Aktorbus und spezifiziert in der DIN EN 19258 sowohl K-LWL als auch PCF-LWL als Übertragungsmedien.

PROFIBUS ist ein Feldbus, der in der EN 50 170 Volume 2 genormt ist. Sowohl K-LWL als auch Glas-LWL sind als Übertragungsmedien spezifiziert.

Neben diesen bereits vorhandenen Systemspezifikationen laufen weitere Aktivitäten, um K-LWL als Übertragungsmedium zu spezifizieren. So wurde im Mai 1997 vom ATM-Forum eine Spezifikation für den Einsatz von K-LWL für Entfernungen bis 50 m bei einer Datenrate von 155 Mbit/s verabschiedet. Als Übertragungsmedium für Entfernungen bis 100 m wird der PCF-LWL spezifiziert.

Ebenso diskutiert man im Rahmen der Spezifikation der IEEE 1394 (High Speed Serial Bus) über den K-LWL als potentielles Übertragungsmedium.

14.4 Nationale Arbeitsgruppen

Zur Zeit arbeiten in Japan, in den USA, in Frankreich und in Deutschland nationale Arbeitsgruppen, deren Ziel in der Weiterentwicklung, Verbreitung und Unterstützung von Standardisierungsvorhaben von K-LWL-Produkten besteht.

In Deutschland sind diese Aktivitäten in der Fachgruppe 5.4.1 der Informationstechnischen Gesellschaft (ITG) im Verband der Elektrotechniker e.V. (VDE) zusammengefaßt.

In Japan arbeitet ein Konsortium aus derzeit 61 Firmen und Institutionen auf dem Gebiet der K-LWL.

Die USA beteiligt sich durch eine Interessengruppe für K-LWL, während sich in Frankreich zweimal jährlich zwischen 50 bis 70 Wissenschaftler unter der Leitung des French Plastic Optical Fibre Club (CFOP) treffen, um sich über aktuelle Entwicklungen auszutauschen.

Einmal im Jahr treffen sich 100 bis 200 Wissenschaftler und Ingenieure auf der internationalen POF-Konferenz, um neue Entwicklungsergebnisse zu diskutieren.

15 Anhang

15.1 Aufbau des Bauartkurzzeichen für K-LWL-Kabel in Anlehnung an DIN VDE 0888

☐ – ☐☐☐☐☐ ☐☐☐/☐ ☐☐☐ ☐
1 – 2 3 4 5 6   7 8 9 10 11 12 13 14

1	I	Innenkabel
	A	Außenkabel
	AT	Außenkabel, teilbar (Breakout)
2	F	Faser
	V	Vollader
	H	Hohlader, ungefüllt
	W	Hohlader, gefüllt
	B	Bündelader, ungefüllt
	D	Bündelader, gefüllt
3	S	metallenes Element in der Kabelseele
4	F	Petrolatfüllung der Kabelseele-Verseilhohlräume
5	H	Mantel aus halogenfreiem Material
	Y	Mantel aus PVC
	2Y	Mantel aus PE
	11Y	Mantel aus PUR
	4Y	Mantel aus PA
	2X	Mantel aus VPE
	(L) 2Y	Schichtenmantel
	(D) 2Y	Mantel aus PE mit Kunststoff-Sperrschicht
	(ZN) 2Y	PE-Mantel mit nichtmetallischer Zugentlastung
	(L) (ZN) 2Y	Schichtenmantel mit nichtmetallenen Zugelementen
	(D) (ZN) 2Y	Mantel aus PE mit Kunststoff-Sperrschicht und nichtmetallenen Zugentlastungselementen
6	H	Innenmantel aus halogenfreiem Material
	Y	Innenmantel aus PVC
	2Y	Innenmantel aus PE
	11Y	Innenmantel aus PUR
	4Y	Innenmantel aus PA
	2X	Mantel aus VPE
	B	Bewehrung
	BY	Bewehrung mit PVC-Schutzhülle (z.B. Nagetierschutz)
	B2Y	Bewehrung mit PE-Schutzhülle (z.B. Nagetierschutz)

	B11Y	Bewehrung mit PUR-Schutzhülle (z. B. Nagetier-schutz)
7	..x..	Anzahl der Adern oder Anzahl der Bündeladern $\times$ Anzahl der Fasern je Bündel
8	E	Einmodenfaser
	G	Gradientenfaser
	S	Stufenindexfaser (Glas/Glas)
	K	Stufenindexfaser (Glas/Kunststoff)
	Q	Quasi-Gradientenfaser (Glas/Glas)
	P	Polymerfaser
9	..	Kerndurchmesser μm
10	..	Manteldurchmesser μm
11	..	Dämpfungskoeffizient in dB/km
12	..	Wellenlänge
		A = 650 nm
		B = 850 nm
		F = 1300 nm
		H = 1550 nm
13	..	Bandbreiten-Längen-Produkt in MHz · km bzw. MHz · 100m bei K-LWL
14	Lg	Lagenverseilung

Hinweis:
Die Position 6 – Innenmantel ist nach DIN VDE nur für Außenkabel vor-gesehen. Zunehmend wird diese Position auch bei Innenkabeln angege-ben um den Werkstoff der Schutzhülle der LWL-Elemente darzustellen. Damit wird die Bezeichnung für Innenkabel eindeutiger. Im vorliegenden Fall wurde diese Darstellungsweise verwendet.

Hybridkabel

Position 1–14 s.o.; anschließend folgen ohne Leerzeichen die Positionen 15–17

15	+.. $\times$ ..	+ Anzahl der Adern $\times$ Leiterquerschnitt
16	F-Cu	feindrähtiger Kupferleiter
	FF-Cu	feinstdrähtiger Kupferleiter
17	U/U$_o$V	Nennspannung

15.2 Abkürzungsverzeichnis

α	Dämpfungskoeffizient in dB/km
$\Delta\tau$	Laufzeitunterschied
Ω	Raumwinkel
Δ	relative Brechzahldifferenz

α	Verseilsteigung
λ	Wellenlänge
λ_{Peak}	Peakwellenlänge
Θ	Winkel gegen die optische Achse
Θ_{Grenz}	Grenzwinkel
A	Fläche
A	Dämpfung in dB
a	Kernradius
A_{KP}	Koppeldämpfung der Kupplung
A_{KS}	Auskoppeldämpfung am Empfänger
A_{KS}	Einkoppeldämpfung am Sender
A_{Res}	Dämpfungsreserve
A_{Sys}	Gesamtdämpfung des Systems in dB
B	Bandbreite
B_{Sys}	Systembandbreite
c	Vakuumlichtgeschwindigkeit
CR	Coupling Ratio (Koppelverhältnis)
dB	Dezibel
E_{g}	Bandabstand
E_{L}	Energie Leitungsband
EL	Excess Loss (Zusatzdämpfung)
eV	Elektronenvolt
E_{v}	Energie Valenzband
f	Frequenz
FWHM	Halbwertsbreite
g	Profilexponent
g_{opt}	optimierter Profilexponent
h	Plancksches Wirkungsquantum
I	Strom
IL	Insertion Loss (Einfügedämpfung)
I_{s}	Schwellstrom
K-LWL	Kunststoff-Lichtwellenleiter
km	Kilometer
L	Länge der Übertragungsstrecke
L	Länge des Verseilelements
L	Strahldichte
LAN	Local Area Network (lokales Netzwerk)
LD	Laserdiode
LED	Lumineszenzdiode
L_{max}	maximal überbrückbare Entfernung
LWL	Lichtwellenleiter
MQW	Multiple Quantum Well
n	Brechzahl
NA	Numerische Apertur
n_{gr}	Gruppenbrechzahl

n_k	Kernbrechzahl
NRZ	Not Return to Zero
P	Leistung
PCF	Polymer Cladded Fibre
P_Emin	minimale Empfängerempfindlichkeit
PMMA	Polymethylmethacrylat
P_opt	optische Leistung
P_Smin	minimale Sendeleistung in dBm
R	Reflexionskoeffizient
R	Verseilradius
r	Krümmungsradius
s	Abstand
S	Schlaglänge
T	Transmissionskoeffizient
U	Uniformity (Gleichförmigkeit)
w_0	Modenfeldradius beim Singlemode-LWL
Z	Verseilzuschlag

Literaturverzeichnis

[1.1] Ritter, M. B.: Dispersion Limits in Large Core Fibres. Proc. POF '93, International Conference. European Institut for Communications and Networks, AKM Messen AG, 1993, P. 31–34

[1.2] D. Gloge et al: Multimode theory of graded core fibers. Bell System Tech. Journal 52 (1973). No. 9, P. 1563–1578.

[3.1] Kämpf, G.; Freitag, D.; Witt, W.: Polycarbonat und Licht, Angewandte Makromolekulare Chemie 183 (1990), P. 243–272

[3.2] Kaino; T.: Ultimate loss limit estimation of plastic optical fibers, Kobunshi Robunshu, 42 (1985). No. 4, P. 257–264

[3.3] Koike, Y.: Status of POF in Japan. Proc. POF '96, International Conference. Institut of Communications, AKM Messen AG, 1996, P. 1–7

[3.4] Koike, Y.: Design of core diameter of wide-band GI-POF. Proc. POF '95, International Conference. European Institute of Communications and Networks, 1995, P. 92–99

[3.5] Koike, Y.; Ishigure, T.; Nihei, E.: Journal of Ligthwave Technology 13 (1995). No.7

[3.6] Ishigure, T.; Nihei, E.; Yamazaki, S.; Kobayashi, K.; Koike, Y.: Electron. Lett. 31 (1995) P. 467

[3.7] Ziemann, O.: Grundlagen und Anwendungen optischer Fasern. Der Fernmeldeingenieur 11/12 (1996)

[3.8] Koike, Y.; Nihei, E.: Single Mode Polymer optical fiber. Design Manual and Handbook & Buyers Guide. Boston: Information Gatekeepers, Inc., 1993

[3.9] Ashpole, R. S.; Hall, S. R.; Luker, P. A.: Polymer optical fibers, A case study. Boston: Information Gatekeepers, Inc., 1993

[4.1] Takahashi, S.: Experimental studies on launching conditions in evaluating transmission characteristics of POF's. Proc. POF '93, International Conference. European Institut for Communications and Networks, AKM Messen AG, 1993, P. 83–85

[4.2] Yoshimura, T.; Nakamura, K.; Okita, A.; Nyu, T.; Yamazak, S.; Dutta, A. K.: Experiments on 155 Mbps 100 m Transmission using

650 nm LED and Step Index POF. Proc. POF '95, International Conference. European Institute of Communications and Networks, 1995, P. 119–121.

[5.1] Goehlich, L.; Scharschmidt, J.: Offenen Kommunikation. EV-Report 1 (1992), P. 25–28

[8.1] Bludau, W.: Halbleiter-Optoelektronik. München: Carl Hanser 1995.

[8.2] H. Sugawara et al: High-Efficiency InGaAlP Green Light-Emitting Diodes. Abstracts of the 1991 International Conference on Solid State Devices and Materials, Yokohama 1991.

[8.3] Fukuoka, K.; Iwakami, T.; Schumacher, K.: High-speed and long-distance POF transmission system based on LED transmitter. Proc. POF '93, International Conference. European Institut for Communications and Networks, AKM Messen AG, 1993, P. 43–45.

[8.4] Krumpholz, O.; Pressmar, K.; Schlosser, E.: LED-carrier with reflector for plastic optical fibers. Proc. POF'93, International Conference. European Institut for Communications and Networks, AKM Messen AG, 1993, P. 125–126

[8.5] Yoshimura, T.; Nakamura, K.; Okita, A.; Nyu, T.; Yamazaki S.; Dutta, K.: 1995. Experiments on 156 Mbps 100 m Transmission using 650 nm LED and Step Index POF. Proc. POF '95, International Conference. European Institut for Communications and Networks, 1995, P. 119–121

[8.6] S. Yamazaki et al: High Speed Plastic Fiber Transmission for Data Communication. International Conference. Symposium on New Trend or Advanced Materials. The Society of Polymer Science, 1995, P. 1–4.

[8.7] D. M. Kuchta et al: High Speed Data Communication Using 670 nm Vertical Cavity Surface Emitting Lasers and Plastic Optical Fibers. Proc. POF '94, International Conference. European Institut for Communications and Networks 1994, P. 135–139

[8.8] F. Miyaska et al: High-speed light souces and detectors for gigabit-per-second plastic-optical-fiber transmission. Papers on high Data Rate Applications Using Graded-Index (GI) and Step-Index (SI) Plastic Optical Fibers (POF). Information Gatekeepers, Inc. 1996, P. 65–66.

[8.9] Koike, Y: High-Speed Multimedia POF Network. Proc. POF '94, International Conference. European Institut for Communications and Networks, P. 16–20.

[10.1] Schreiter, G.; Hotea, G.; Engel, A.: Fibre optic connectors for consumer applications. Proc. POF '93, International Conference. European Institut for Communications and Networks, AKM Messen AG, 1993, P. 132–135.

[10.2] Cirillo, J.R.; Jennings, K.L.; Lynn, M.A.: Connection system designed for plastic optical fiber local area networks. Plastic Optical Fibers, Mototaka Kitatawa, John F. Kreidl, Robert E. Steel, SPIE 1592, 1991, P. 53–59.

[11.1] Kalymnios, D.: Plastic optical fibre tree couplers using simple Y-couplers. Proc. POF '92, International Conference. IGI Europe, AKM Messen AG, 1992, P. 115–118.

[11.2] Yuuki,H.; Ito, T.; Sugimoto, T.: Plastic star coupler. Plastic Optical Fibers, Mototaka Kitatawa, John F. Kreidl, Robert E. Steel, SPIE 1592, 1991, P. 2–11.

[11.3] Marcou, J.; Faugeras, P.: Interconnection components for plastic optical fibers. Proc. POF '92, International Conference. IGI Europe, AKM Messen AG, 1992, P. 109–114.

[11.4] E. Th. C. van Woesik et al: $N \times N$ Bi-directional transmissive star coupler. Proc. POF '93, International Conference. European Institut for Communications and Networks, AKM Messen AG, 1993, P. 127–131.

[11.5] Eickhoff, W.; Haag, H.G.; Stankovic, D.; Zamzow, P.E.: Polymer optical fiber cables for both automotive and customer premises application. Plastic Optical Fibers and Applications. Information Gatekeepers, Inc., 25, 1990, P. 162–169.

[11.6] Rogner,A.: Micromoulding of passive network components. Proc. POF '92, International Conference. IGI Europe, AKM Messen AG, 1992, P. 102–104.

[11.7] Rogner, A.; Pannhoff, H.: Characterization and qualification of moulded couplers for POF-networks. Proc. POF '93, International Conference. European Institut for Communications and Networks, AKM Messen AG, 1993, P. 136–139.

[11.8] Saitoh, N.; Shimada, K.: Plastic optical fibres and their application to passive components and various digital data links. Proc. POF'92, International Conference. IGI Europe, AKM Messen AG, 1992, P. 10–14.

Stichwortverzeichnis

Mahlke, Günter / Gössing, Peter

Lichtwellenleiterkabel

Grundlagen
Kabeltechnik
Anlagenplanung

5., überarbeitete Auflage, 1998, ca. 288 Seiten,
ca. 160 Abbildungen, ca. 20 Tabellen, 14,8 cm x 22 cm, Hardcover
ISBN 3-89578-095-2
(Ab Juni '98 lieferbar)

Dieses Buch wendet sich an alle, die mit Planung, Einrichtung und Wartung von LWL-Kabelanlagen betraut sind. In verständlicher Form führt es in die physikalischen und chemischen Grundlagen sowie in die Kabeltechnik und Anlagenplanung ein; außerdem dient es als Basisinformation für Spezialliteratur. Der Anhang enthält ein ausführliches Glossar der Fachbegriffe zum Thema „Lichtwellenleiterkabel".

Da die Übertragungsraten permanent steigen, enthält das Kapitel über die physikalischen Grundlagen nun auch einen Abschnitt über nichtlineare optische Effekte. Neue Kapitel behandeln Festaderkabel für die Gebäudeverkabelung, Seekabel für verstärkerlose Anwendungen und Luftkabel für die Nutzung durch Energieversorgungsunternehmen. Stark erweitert ist auch der Abschnitt über Spleiße, Steckverbindungen und Kabelendeinrichtungen.

Inhalt

Physikalische und chemische Grundlagen des Lichtwellenleiters · LWL-Profile · LWL-Parameter und Meßverfahren · LWL-Aufbau · Herstellung von LWL · LWL-Ader · LWL-Kabelkonstruktion · Umweltprüfungen an LWL-Kabeln · Anlagentechnik · Spleiß- und Steckverbindungen, Kabelendeinrichtungen · Netzkonfigurationen: ISDN, FITL, LAN, FTTD · Elektrooptische Signalumwandlung · LWL-Komponenten · Systeme für die LWL-Übertragung.

Deutsch, Bernhard; Mohr, Stefan; Roller, Alfred; Rost, Heinrich

Elektrische Nachrichtenkabel

Grundlagen
Kabeltechnik
Kabelanlagen

1998, ca. 288 Seiten, ca. 90 Abbildungen,
14 cm x 22,5 cm, Hardcover
ISBN 3-89578-084-7
(Ab August '98 lieferbar)

Elektrische Nachrichtenkabel sind meist dann wirtschaftlicher als Lichtwellenleiter, wenn kurze und mittlere Entfernungen zu überbrücken sind und viele Schnittstellen benötigt werden. Ideale Einsatzbereiche sind z.B. die Ortsebene der Telekommunikationsnetze oder die Horizontal-ebene der Local Area Networks. Zudem macht auch die Technik auf dem Gebiet der elektrischen Nachrichtenkabel enorme Fortschritte. Beispiele sind die symmetrischen Kabel, die in geschirmter Ausführung Daten bis in den Gigabitbereich übertragen können, die koaxialen Kabel zur Verbindung von Empfänger und Satellitenantenne im Inhouse-Bereich oder die Entwicklung neuartiger flammwidriger Materialien und Kabel. Auch hohe Übertragungsfrequenzen bis etwa 100 GHz sind für koaxiale Kabel durchaus möglich.

Dieses Buch beschreibt umfassend die Technik der elektrischen Nachrichtenkabel gemäß ihrer heutigen Bedeutung. Es wendet sich in erster Linie an Netzwerkplaner und -berater sowie Anlageninstallateure, die detaillarteres Wissen über die Kabeltechnik benötigen, aber auch Studenten, Ingenieure und Techniker finden hier den Einstieg in die Nachrichtenkabeltechnik.

Inhalt

Entwicklung der Nachrichtenkabeltechnik · Einsatzgebiete elektrischer Nachrichtenkabel · Aufbauelemente · Übertragungsparameter und deren meßtechnische Bestimmung · Kabeltypen · Schutz vor Umwelteinflüssen · Anschluß- und Verbindungstechnik · Normen · Glossar.